異常気象と
気象ビジネス

<small>Shigeru Kani</small>
可児 滋 著

気象ICT革命がビジネスを変える！

日本評論社

はじめに

　本書は、気象をテーマの中心に置いて、相互に密接に関連する4つの項目を対象としています。

　第1は、異常気象とその原因です。「統計開始以来の大雨で洪水が発生して多くの犠牲者が出ました」とか、「何十年ぶりの暑さとなり、熱中症で多くの人が病院に運ばれました」、「ゲリラ豪雨で花火大会が中止となりました」、「高温の日が続いて桜の満開の時期が早まり、葉桜で入学式を迎えることになりました」、「記録的な大雪の影響で、野菜の価格が急騰しています」といったニュースが各地から伝えられてきます。

　そして、こうした異常気象の原因については、地球温暖化、エルニーニョ・ラニーニャ現象等があげられています。本書では、地球温暖化の現状とその原因、エルニーニョ・ラニーニャ現象の原因と日本の気象に与える影響等について、最新の事情を織り込んで記述しています。

　第2は、気象観測、予報についてです。次の第3で述べる気象リスクに対する防衛策を講じるにしても、また第4の気象ビジネスを展開するにしても、気象の現況及び先行きの予測を的確に実施する必要があります。

　こうした気象観測、予報は、気象庁が気象衛星等で収集したデータを提供して、それを民間気象事業者がユーザーのさまざまなニーズにマッチするようカスタマイズして提供する、という形で行われています。この結果、民間気象事業者の間ではいかにユーザーのニーズにフィットする情報を提供するか、さまざまな工夫が凝らされています。

　第3は、気象リスクが産業界に与える影響とその回避策です。気象状況は、世界の80％のビジネス活動に直接、間接に影響を与えているといわれています。気象リスクには、気温、降雨、降雪、雹（ひょう）、暴風、日射等があり、農業を始めとしてさまざまな業界の生産、流通、販売等に甚大な影響を及ぼしています。また、再生エネルギーによる電力供給量が増加するにつれて、太陽光、風力、降雨といった気象条件の把握の重要性が高まっています。

　こうした気象リスクのヘッジ手法としては、保険、天候デリバティブがあり、また、地震、台風、洪水等の大災害に対しては災害債券（キャットボンド）も活用されています。

第4は、気象ビジネスの展開です。気象庁は、日々さまざまな種類の気象情報を収集して、それを報道機関、防災機関、民間気象事業者等に配信、提供しています。それは、1日当たりでなんと新聞約11,000年分のデータに匹敵する膨大な量に上ります。

　しかし、現状、こうした気象ビッグデータが産業界により十分活用されているとは言い難い状況にあり、気象ビジネスの創出、活性化が重要な課題となっています。

　そこで、2017年3月に産学官連携による気象ビジネスの創出、活性化を目的とした気象ビジネス推進コンソーシアムが設立され、活動を展開しています。また、気象条件が消費動向に与える影響を分析して、仕入れ、在庫調整、広告、キャンペーン等の販売促進に活用する「ウエザーマーチャンダイジング」も活発化しつつあります。本書では、こうした気象ビジネスが産業界でどのように発展していくかを分野別に検討しています。

　そして、以上の4点すべてについての重要な共通項となる要素がICTです。すなわち、異常気象を含む気象状況の観測・予測の向上には人工衛星や新鋭のスパコンが活躍し、気象リスクの把握、解析にはIoTやAI、ビッグデータ、クラウドが活用され、また、コンピュータを駆使してさまざまなリスク管理手法が開発されています。さらに、産業界でICTが浸透している中にあって、気象ビジネスの展開には、IoTやAI等を活用した気象データの高度利用の推進が鍵となっています。

　このように、気象ICTの活用を軸として、気象と社会生活や産業活動との関わりは、大きく変わろうとしています。

　本書では、こうした気象を巡るさまざまなテーマについて極力、具体的なケースを取り上げてビビッドに記述しました。本書の出版に当たりましては、日本評論社第2編集部（経済）の斎藤博部長に企画から内容に関わる数々の貴重なサジェッション、そして体裁に至るまで、大変お世話になりました。紙上をお借りして同氏に対して厚くお礼を申し上げます。

　本書が、私たちが日頃接している気象情報の生成、活用にICTがどのような形で活躍しているか、また、気象リスクのヘッジにはどのような手段があるか、さらに、気象ビジネスは今後どのような形で発展すると予想されるか、等の諸点について読者の皆様の理解を深める一助となれば幸甚です。

　2018年7月

可児　滋

目　次

はじめに　　iii

第1部　気象リスク

第1章　異常気象とは？ ……………………………………………… 2

 1　異常気象と極端現象　　2

 2　異常気象リスクマップ　　3

 3　異常気象の発生状況は？　　4

第2章　異常気象の原因は？ ………………………………………… 8

 1　気候システムと気候変動　　8

 2　気候システムとイベント・アトリビューション　　8

 3　地球温暖化　　9

 4　エルニーニョ・ラニーニャ現象　　11

 5　ヒートアイランド現象　　15

第2部　気象予報とICT

第1章　気象庁とICT ………………………………………………… 18

 1　気象データの収集　　19

 2　観測データの解析・予測・情報作成　　20

 3　予報ガイダンスの作成　　26

 4　天気予報、防災気象情報の配信　　28

第2章　民間気象事業者とICT ……………………………………… 33

 1　民間気象事業者の気象サービス　　33

 2　予報業務許可事業者　　34

 3　気象予報士　　36

 4　日本気象協会　　37

v

5　民間気象事業者と ICT　37

第3部　気象リスクのヘッジ

第1章　気象リスクの産業界への影響と気象データの活用 54

1　気象リスクと産業界　54
2　産業界による気象データの活用例　57

第2章　天候デリバティブと保険 59

1　天候リスクマネジメント　59
2　オプションの概念　60
3　天候デリバティブとは？　61
4　天候デリバティブと保険との違い　62
5　天候デリバティブの対象となる天候リスクの定量化　65
6　米国の天候デリバティブ　68
7　日本の天候デリバティブ　72

第3章　災害債券（キャットボンド） 80

1　災害債券の意義　80
2　災害債券のフレームワーク　81
3　災害債券発行の具体例　82

第4部　気象ビジネス

第1章　気象ビジネス市場 88

1　気象ビジネス市場の創出　88
2　気象ビジネス推進コンソーシアム　93
3　ウエザーマーチャンダイジング　94

第2章　気象ビジネス市場の分野別動向 99

1　食品と物流　99
2　農業　106
3　建設、工場、プラント　124
4　水産　129
5　道路、鉄道、航空、海洋　130
6　冷暖房機　135

目　次

　　　　7　再生エネルギー　137
　　　　8　スーパーマーケット、コンビニ　147
　　　　9　飲料　149
　　　10　アパレル、ファッション　151
　　　11　健康、医療、ドラッグ　154
　　　12　レジャー、旅行　161

注　169
参考文献　177
索　引　179

■ひとくち memo
ヒートアイランド対策　16
リチャードソンの夢　22
天気予報アプリ　45
「ダークデータ」にとどまっている気象データ　90
スープ指数とガリ指数　94
モーダルシフト　103
人工衛星、ドローンによるリモートセンシング　111
トヨタの農業カイゼン　118
アグリバイオメトリクス　122
熱中症と WBGT　127
ドローン向けの気象情報　132
EMS（エネルギー管理システム）　141
生気象学　155
訪日外国人向け天気予報アプリ　163

vii

第 1 部

気象リスク

第1部　気象リスク

第1章

異常気象とは？

　異常気象が災害を引き起こす等、私たちの生活や企業のビジネス活動に大きな影響を及ぼしています。また、グローバリゼーションが、企業のビジネスに浸透するにつれて、海外の各地で発生する異常気象が、その地域だけでなく日本の企業のビジネスにも大きなインパクトを及ぼす状況となっています。

1　異常気象と極端現象

　異常気象とは何かをみる前に、気象と気候の違いをみておきましょう。

　「気象」は、日々の天気現象をいう一方、「気候」は、ある地域での気温や降水量などの大気の状態をある期間、平均した状態をいいます。この場合の平均する期間は、対象とする現象によって異なり、時間、日、年等の単位があります。

　また、天気予報でよく「平年に比べて」といった表現がなされますが、その場合の平年値は、一般的に30年間の平均的な気候状態を指します。平年値は気象庁によって10年ごとに更新されています。

　さて、「異常気象」の概念ですが、気象庁では気温や降水量などの異常を判断する場合、原則として「ある場所（地域）・ある時期（週・月・季節）において30年間に1回以下の頻度で発生する現象」を異常気象としています。

　したがって、異常気象は場所が違うと、もっと頻繁に起きていることになります。異常気象には、大雨や強風等、短時間の現象から、数か月間続く干ばつ、冷夏等の現象があります。

　なぜ、30年という期間を取ったかについては、人生50年とされた時代の名残りで、その時代では30年間という期間は、ある人が一定の場所で一生を過ごすほどの期間であり、したがって一生のうちに1回経験するかどうかというような稀な現象だ、ということで30年とされた、といわれています[1]。

　また、異常気象に似た用語に「極端現象」（extreme event）があります。極端現象は、気候変動に関する政府間パネル（IPCC）の評価報告書で記述されている用

2

第1章　異常気象とは？

図表 1 - 1　異常気象リスクマップのデータ

データの種類	内　容
確率降水量 地点別一覧表（51地点）	気象台や測候所等の約100年分の日降水量データをもとに推定した全国51地点の確率降水量の地点別一覧表
確率降水量 全国図（アメダス）	アメダスの20〜30年分の1時間または24時間降水量データをもとに推定した、全国約1,300地点の確率降水量の、全国図、地域別図、地点別一覧表
日降水量100ミリ以上の日数 全国図（アメダス）	アメダス地点の日降水量100ミリ以上の年間・月間日数の平年値（1979〜2000年統計）の全国図、地域別図、地点別一覧表
10年に1回の少雨 全国図（アメダス）	アメダス地点の年降水量・月降水量の「かなり少ない」の階級区分値（出現率10％の少雨）の平年値（1979〜2000年統計）の全国図、地域別図、地点別一覧表

（出所）気象庁「異常気象リスクマップ」をもとに筆者作成

語で、異常気象と同様の現象を指しますが、異常気象が30年に1回以下発生する現象であるのに対し、極端現象は日降水量100 mm の大雨等、もっと頻繁に起こる現象までを含んだ概念です[2]。

2　異常気象リスクマップ

　気象庁は、地球温暖化に伴う異常気象の増加が懸念されるなかで、大雨や高温の発生頻度等に関する詳細な情報を求めるニーズの高まりに応えて、2006年度から全国各地における極端な現象の発生頻度や長期変化傾向に関する情報を図表形式で示した「異常気象リスクマップ」を提供しています。

　気象庁では前述のとおり、原則として、ある場所・ある時期において30年間に1回以下の頻度で発生する現象を異常気象と定義しています。しかし、例えば30年に1回以上起こる現象でも生活や経済に大きな影響を与えるケースがあることから、毎年起こるような現象までを含めて、大雨や高温などの頻度、強度がどのように変化するかを監視する必要があります。したがって、異常気象リスクマップは、30年に1回という基準に限定することなく、社会的影響が大きいとみられる極端な現象も対象としています。　異常気象リスクマップでは、全国51地点の日降水量データのほか、全国約1,300地点のアメダスのデータも活用して、図表1-1のようなデータを公表しています。

3

第1部　気象リスク

図表 1 - 2　世界の異常気象（2017年）

種類	地域（カッコ内は発生月）
高温	アラスカ北西部から東シベリア北部（3〜4、11〜12） 沖縄・奄美から中国南東部（8〜10） インド南部からスリランカ（4、7〜11） 中央アジア南東部（5、7、9） サウジアラビア及びその周辺（4〜11） ヨーロッパ南東部（6〜8） イベリア半島から北アフリカ北西部の高温（4〜6、10） 西アフリカ南部及びその周辺（3〜4、8〜12） モーリシャスからモザンビーク北東部（2、4、6〜11） カナダ南東部から米国東部（2、4、10） 米国南西部からメキシコ（3、6、8、10〜12） ブラジル東部（1、3〜4、6、10） アルゼンチン北西部及びその周辺（1〜2、7）
大雨、多雨	スリランカ南部（5） 南アジアからアフガニスタン北東部（6〜9） ヨーロッパ北東部（4、9〜10、12） コロンビア南西部からペルー（2〜4）
大雨・台風	中国南部（6〜8） ベトナム（9〜11）
台風、サイクロン、ハリケーン	フィリピン（12） ジンバブエ（2） 米国南東部からカリブ海諸国（8〜9）
高温・少雨	イベリア半島から北アフリカ北西部の高温（4〜6、10）、少雨（3〜5、9、11）
地すべり	シエラレオネ西部（8） コンゴ民主共和国北東部（8）

（出所）気象庁「異常気象リスクマップ」をもとに筆者作成

3　異常気象の発生状況は？

　以下ではまず、世界の異常気象の発生状況を概観したあと、日本の異常気象についてみることとします。

(1)世界の異常気象

　気象庁は、世界各地の異常気象、気象災害に関する情報を、週ごとに速報として発表しているほか、月、季節、年毎にとりまとめて発表しています。

　2017年に発生した世界の異常気象の種類と、発生期間、地域をみると、図表 1 -

第1章 異常気象とは？

図表1-3 日本の異常気象

発生年月	種類	地域
2018.6下旬～7上旬	大雨（平成30年7月豪雨）	九州北部、中国、四国、近畿、東海、北海道
2018.1下旬	寒波	日本付近
2017.12～2	低温、大雪	全国的に低温、場所により大雪
2017.8前半	日照不足、低温	北日本太平洋側
	日照不足	東日本太平洋側
	高温	沖縄・奄美
2016.8	多雨	北日本
	高温、少雨	西日本
2015.8～9	多雨、日照不足	西日本～東北
2014.8	多雨、日照不足	西日本
2014.7～8	大雨（平成26年豪雨）	各地
2013.夏	高温	西日本
	多雨	東北
	少雨	東・西日本の太平洋側と沖縄・奄美
2012.8～9	高温	北・東日本
2011.12～2012.2	低温	北・西日本
	大雪	北・西日本太平洋側
2010.6～8	高温	日本の平均気温（都市化の影響の少ない17地点の平均）
2010.3～4	日照不足、気温変動大	日本列島
2009.7	多雨	北日本
	日照不足	日本海側
	梅雨明け遅れ	九州北部地方から東海地方
2008.7～9	大雨（平成20年8月末豪雨）	局地的
2008.7	高温、少雨	西日本
2006.7	大雨	本州、九州
2005.12	低温	全国
	大雪	日本海側
2004.夏～秋	集中豪雨、台風	各地

（出所）気象庁「日本の異常気象」等をもとに筆者作成

2のとおりです。この図表から、異常気象としては高温や大雨が最も頻繁に発生していることが分かります。

第1部　気象リスク

図表1-4　年平均気温の変化（世界1891～2015、日本1898～2015）

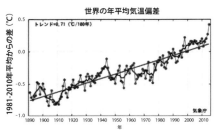
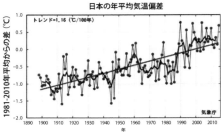

（注）細線は各年の基準値からの偏差。太線は偏差の5年移動平均、直線は変化傾向。基準値は1981～2010年の30年平均値。
（出所）気象庁「気候変動監視レポート2015」2016.8、pp.21-23

(2)日本の異常気象

日本の異常気象について、2004年から最近までの発生状況をみると、図表1-3のとおりです。この図表から異常気象としては、大雨（豪雨等を含む）や高温が最も頻繁に発生していることが分かります。

(3)高温と大雨

異常気象には、猛暑、暖冬、冷夏、寒冬といった温度に関わる現象や、豪雨、大雨、干ばつといった降水に関わる現象等があります。

そして、世界の各地で、高温、大雨による被害が多く発生しており、こうした状況は日本においても同様にみられるところです。

そこで、以下では気温と大雨に焦点を当てて、その実態をみることにします。

①気温

世界の年平均気温は、100年あたり0.71℃上昇しています。これを北半球と南半球に分けてみると、100年あたり北半球では0.75℃、南半球では0.68℃と北半球の上昇の方が大きくなっています[3]。

また、日本の年平均気温を都市化の影響が比較的少ない気象庁の15観測地点についてみると、100年あたり1.16℃上昇しています[4]。そして、日本の気温が顕著な高温を記録した年は、おおむね1990年代以降に集中しています（図表1-4）。

気象庁では、近年、日本で高温となる年が頻出している要因としては、二酸化炭素などの温室効果ガスの増加に伴う地球温暖化の影響に、数年～数十年程度の時間規模で繰り返される自然変動が重なっているものと考えられ、こうした傾向は、世界の年平均気温と同様である、としています。なお、地球温暖化については後述します。

第1章　異常気象とは？

図表1-5　猛暑日と熱帯夜の年間日数の経年変化

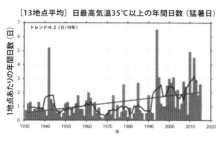
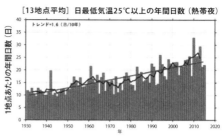

（注）1．熱帯夜は夜間の最低気温が25℃以上のことを指すが、ここでは日最低気温が25℃以上の日を便宜的に熱帯夜と呼んでいる。
　　　2．棒グラフは年々の値、折れ線は5年移動平均値、直線は期間にわたる変化傾向。
（出所）気象庁「気候変動監視レポート2015」2016.8、pp.24-25

図表1-6　大雨の年間日数

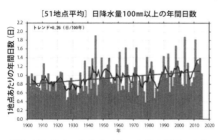
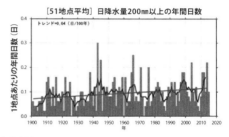

（注）折れ線は5年移動平均、直線は期間にわたる変化傾向。
（出所）気象庁「気候変動監視レポート2015」2016.8、p.30

　また、統計期間1931〜2015年で日最高気温が35℃以上の猛暑日の日数をみると、顕著な増加傾向となっており、また日最低気温が25℃以上の熱帯夜の日数も増加しています（図表1-5）[5]。

②大雨

　日本の日降水量100mm以上の大雨の年間日数および200mm以上の大雨の年間日数は、図表1-6でみられるように増加しています。

　また、アメダスで観測された1時間降水量50mm以上及び80mm以上の短時間強雨の発生回数と、日降水量400mm以上の大雨の発生回数を年ごとに集計し、最近40年間の変化をみると、増加傾向が明確に現れています。

　もっとも、気象庁では、大雨や短時間強雨の発生回数は年ごとの変動が大きく、それに対してアメダスの観測期間は比較的短いことから、変化傾向を確実に捉えるためには今後のデータの蓄積が必要である、としています。

第1部　気象リスク

第2章

異常気象の原因は？

1　気候システムと気候変動

「気候」は、大気の平均的な状態を示すものですが、大気の状態を左右する要因には、海洋や陸面、雪や氷、それに生態系等があります。

そして、「気候システム」は、大気と海洋や地表面、雪氷、生態系などが相互に作用、関連して形成されるシステムを意味します[1]。

また、「気候変動」は、気候システムがさまざまな時間スケールや空間スケールで変動することをいいます。こうした気候変動は、①気候システムの内部の相互作用によって生じる内部要因によるほか、②気候システムの外部から強制を受ける要因があります。

この外部強制要因には、火山の噴火、太陽活動の変動などの自然的要因と人間活動に伴う温室効果ガスの増加などの人為的要因により生じるものがあります。

2　気候システムとイベント・アトリビューション

気候変動に対して人間の活動がどの程度影響しているかを過去の観測データから定量的にみる試みは、「D & A」（Detection and Attribution、気候変動の検出と要因分析）との名称で実施されてきました。しかし、D & A は、長期トレンドについてみるもので、たとえば「このところの猛暑は人間の活動による地球温暖化が影響しているか？」といった疑問に答えるものではありません。

そこで、ある年に発生した気候変動に対して人間活動に起因する変化がどのくらいか？自然変動に起因する変化がどのくらいか？を定量的にみる試みが行われており、これを「イベント・アトリビューション」（Event Attribution）と呼んでいます[2]。

異常気象や極端現象は、気候システムの中での自然の「揺らぎ」である内部変動として生じることがあり、したがって、個々の事象（イベント）に対して人間の活

第2章　異常気象の原因は？

動が決定的な影響を与えたかどうか、といった評価をすることはできません。しかし、人間の活動がイベントの発生確率や強度にどのような影響を与えたか、の評価を定量的に行うことは可能であり、イベント・アトリビューションはこうした発生確率等の変化を推計する新たな試みです。

イベント・アトリビューションが試みられた最初のケースでは、2003年に欧州で観測された熱波を超える異常気象が発生するリスクが、人間活動によって少なくとも2倍になっている、との推定結果が得られています[3]。

3　地球温暖化

異常気象をもたらす要因には、前述のとおり内部要因と外部要因があります。このうち、内部要因によるものは、数年から数十年程度で繰り返して発生する「自然システムの揺らぎ」であり、その意味では正常な気象ともいえるものです。

しかし、人間の活動により気温が上昇するといった外部要因がこれに加わることにより、異常気象の発生頻度が増加している可能性があります。

以下では、地球温暖化についてみましょう。

(1)地球温暖化とは？

地球は、太陽のエネルギー（太陽放射）を吸収して、宇宙に向かってそれと同じだけのエネルギーを赤外線で放出すること（外向きの赤外放射）により、ほぼ一定の温度を維持しています[4]。

しかし、大気中に二酸化炭素等の温室効果ガスが増加すると、外向きの赤外放射の効率が悪くなって、地表付近の温度が高くなる地球温暖化が生じます。

もちろん、こうした地球の温度の変化等の気候変動には、自然システムの揺らぎである変動要因が働いている可能性があります。しかし、産業革命以降、大気中の二酸化炭素の濃度は3割も高くなり、地球の平均気温が20世紀の間に0.7℃ほど上昇しているといった現実をみると、こうした20世紀の気温上昇は、人間活動によって大気中の二酸化炭素濃度等が増加したことによる影響が働いている点を考慮しないと説明が付かないことは明白です[5]。

(2)地球温暖化の原因

地球温暖化には、二酸化炭素、メタン、一酸化二窒素等の温室効果ガスの増加が影響しています。温室効果ガスは、地表から放射される赤外線を吸収しますが、太陽光は吸収しにくい性質があります。したがって、地表から放射された赤外線の多

9

くが温室効果ガスに吸収され、その後、再び地球へ向けて放射されることから、地表は太陽から受けるエネルギーよりもさらに多くのエネルギーを受けることになる、という温室効果が現れることになります。

温室効果ガスにはさまざまな種類がありますが、二酸化炭素の温暖化への寄与率が7割強、メタンが1割強、亜酸化窒素が5％強とみられています。

このように、人間活動に起因した最も重大な温室効果ガスは二酸化炭素です。そして、二酸化炭素濃度上昇の主要な原因は、化石燃料の使用です。すなわち、化石燃料の燃焼に伴い大気中に温室効果ガスが増加することによって、地球から赤外線が逃げにくくなり、地球温暖化現象が発生します。また、メタン濃度も増加しており、その原因は、主として農業や化石燃料の使用といった人間活動による可能性が非常に高いものの、さまざまな排出源の相対的な寄与については良く分かっていません[6]。

(3)地球温暖化と猛暑、大雨

異常気象の発生は、大気や海の不規則な変動に起因します。

そして、特に猛暑や大雨といった異常気象の発生には、地球温暖化が影響している、とみられています。

すなわち、地球温暖化により猛暑となる頻度が増加し、また、地球の平均気温が傾向的に上昇することから大気中の水蒸気が増えることによって、大雨となる頻度が増加します。

地球温暖化は、この他にもさまざまな面でさまざまな影響を及ぼしていて、今後もその影響は拡大するとみられています。

(4)将来の気温上昇

① IPCC の予測

ロイターは、IPCC（国連気候変動政府間パネル）が2018年10月に韓国で開催する会合で公表予定の報告書案の概要を報じています[7]。

それによると、温室効果ガスが現状のペースで進むと、人類が引き起こす地球温暖化は2040年頃までに産業革命前の水準比1.5℃を上回ることになると見込まれる、としています。この予想は、1月の報告書案の内容を再確認したものですが、それ以降、専門家や科学者からの多くのコメントにより裏付けられたものです。現状ですでに産業革命前比1℃上昇し、10年間で0.2℃のペースで上昇しています。なお、2015年に約200カ国により採択されたパリ気候協定では、気温上昇を産業革命前比2℃を相当幅下回ることを目標とし、1.5℃を努力目標としていました。

第2章　異常気象の原因は？

図表2-1　年平均気温の変化予想―1984～2014年と比較した2080～2100年の変化―

	年平均気温（℃）	日最高気温（℃）	真夏日日数（日）
RCP2.6（低位安定化シナリオ）	1.1	1.1	12.4
RCP4.5（中位安定化シナリオ）	2.0	2.0	23.5
RCP6.0（高位安定化シナリオ）	2.6	2.5	30.0
RCP8.5（高位参照シナリオ）	4.4	4.3	52.8

（注）RCP（Representative Concentration Pathways、代表的濃度経路）シナリオは、気候変動の予測を行うために、地球温暖化を引き起こす効果をもたらす大気中の温室効果ガス濃度がどのように変化するか仮定し、それに政策的な温室効果ガスの緩和策を勘案、将来の温室効果ガスに至る経路のうちの代表的なものをいう。
（出所）気象庁環境省「日本国内における気候変動予測の不確実性を考慮した結果について」報道発表資料2014.12.12

②気象庁の予測

　気象庁では、気候モデルを使って、将来気候の予測計算を行っています[8]。

　この予測は、温室効果ガスの濃度に応じて、いくつかのシナリオを設定して計算されています。それによると、日本周辺の2080年～2100年の年平均気温は、1.1℃～4.4℃上昇、日最高気温の年平均値は、1.1～4.3℃上昇するとの予測結果が出ています。また、日最高気温が30℃以上の真夏日の年間日数は、12.4～52.8日増加する予測となっています（図表2-1）。

4　エルニーニョ・ラニーニャ現象

(1)エルニーニョ・ラニーニャ現象とは？

　エルニーニョ（El Niño）は、太平洋赤道域の日付変更線付近から南米沿岸にかけて（ペルー沖）海面水温が平年より0.5℃以上高い状態が、6か月以上継続する現象をいいます。

　エルニーニョは昔からみられる現象ですが、1970年代央以降、発生する頻繁が多くなっており、一旦発生すると長期化し、また海水温の上昇幅も大きくなっています。エルニーニョが発生すると、世界中で異常な天候が起こる、と考えられています。なお、エルニーニョはスペイン語で、神の子キリストを意味します。

　また、エルニーニョ現象が発生すると海面の水温が上昇して暖かい水域が東に広がり赤道付近の地上気圧も東に移動します。このように、エルニーニョ現象に対応して熱帯域における大気の循環（ウォーカー循環）も変動し、これらを合わせた一連の変動をエルニーニョ南方振動（El Niño Southern Oscillation: ENSO）といいま

11

第1部　気象リスク

図表2-2　エルニーニョ・ラニーニャ現象時の海面水温平年差（℃）の平均的な変動

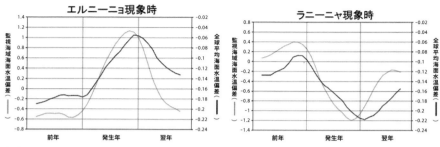

（注）1949年から2011年までの期間に発生したエルニーニョ現象（左）およびラニーニャ現象（右）のそれぞれについて平均した、エルニーニョ監視海域の海面水温平年差の5か月移動平均（太い線）と、全球平均海面水温平年差の5か月移動平均（細い線）。平年値は1981～2010年の30年平均値。
（出所）気象庁地球環境・海洋部「エルニーニョ／ラニーニャ現象と全球平均海面水温の変動」

す。ENSOの影響は、大気の変動を介して全球に及びます。

一方、ラニーニャ（La Niña）は、エルニーニョの反対で、海面水温が平年より0.5℃以上低い状態が6か月以上継続する現象をいいます。ラニーニャは、エルニーニョほどではありませんが、やはり一旦発生すると世界中に異常気象が発生します。なお、ラニーニャはスペイン語で、女の子を意味します。

エルニーニョ・ラニーニャ現象については、地球温暖化による影響の可能性を指摘する調査結果がありますが、その一方で自然変動だけで十分説明できるとする調査結果もあり、いまのところ、その原因は確定していません。

(2) エルニーニョ・ラニーニャ現象と全球平均海面水温の変動

エルニーニョ・ラニーニャ現象と地球全体の平均海面水温の変動とは密接な関係があります[9]。

すなわち、エルニーニョ現象時に監視海域の海面水温が上昇すると、若干遅れて全球（地球全体）平均の海面水温も上昇しています。同様に、ラニーニャ現象の場合は、監視海域の海面水温が低下すると、若干遅れて全球平均の海面水温も低下しています。

これは、エルニーニョ・ラニーニャ現象が起きる面積が大きく、そのため全球平均海面水温の数か月から1年程度の変動に大きな影響を与えているため、とみられています（図表2-2）。

(3) エルニーニョ・ラニーニャ現象と日本の天候

エルニーニョ・ラニーニャ現象が、日本の天候に、どのようなメカニズムで、ど

のような形で影響を及ぼすかをみましょう[10]。

①エルニーニョ現象と日本の夏季、冬季の天候

　エルニーニョ現象が発生すると、西太平洋熱帯域の海面水温が低下してその地域における積乱雲の活動が通常より不活発となります。

　このため、日本付近では、夏季は太平洋高気圧の張り出しが弱くなり、気温が低く、日照時間が少なくなる傾向があります。また、西日本日本海側では降水量が多くなる傾向があります。冬季は、西高東低の気圧配置が弱まり、気温が高くなる傾向があります。

②ラニーニャ現象と日本の夏季、冬季の天候

　ラニーニャ現象が発生すると、西太平洋熱帯域の海面水温が上昇し、西太平洋熱帯域で積乱雲の活動が活発となります。

　このため日本付近では、夏季は太平洋高気圧が北に張り出しやすくなり、気温が高くなる傾向があります。また、沖縄・奄美では南から湿った気流の影響を受けやすくなり、降水量が多くなる傾向があります。冬季は、西高東低の気圧配置が強まり、気温が低くなる傾向があります。

　気象庁の統計により、エルニーニョ・ラニーニャ現象が発生した時の、日本の天候にどのような影響を及ぼすかを3か月ごとにみると、図表2-3のようになります。

(4) エルニーニョ監視速報

　気象庁は、エルニーニョ現象等、熱帯域の海洋変動を監視するとともに、それらの実況と見通しに関する情報を「エルニーニョ監視速報」として毎月10日頃に発表しています。

　なお、気象庁の定義では、+0.5℃以上（-0.5℃以下）の状態が6か月以上持続した場合にエルニーニョ（ラニーニャ）現象の発生としていますが、エルニーニョ監視速報においては速報性を損なわないように、原則として1か月でも+0.5℃以上（-0.5℃以下）の状態となった場合に、エルニーニョ（ラニーニャ）現象が発生した、と表現しています。

　また、気象庁では、2009年から日本の天候との明瞭な関係が見られる西太平洋熱帯域およびインド洋熱帯域に関する情報を付け加えるとともに、2016年からエルニーニョ・ラニーニャ現象の見通しが分かりやすいように、エルニーニョ・ラニーニャ現象の発生・持続・終息の可能性について、10%単位の確率予測を用いて表現しています（図表2-4）。

第1部　気象リスク

図表2-3　エルニーニョ・ラニーニャ現象の発生と日本の天候

	エルニーニョ			ラニーニャ		
	平均気温	降水量	日照時間	平均気温	降水量	日照時間
春（3～5月）	沖縄・奄美：高い 東日本：並か高い	有意な特徴なし	西日本太平洋側：少ない	有意な特徴なし	有意な特徴なし	西日本：並か多い 北日本太平洋側：少ない
夏（6～8月）	沖縄・奄美高い 東日本：並か高い	有意な特徴なし	西日本太平洋側：少ない	有意な特徴なし	沖縄・奄美：多い	有意な特徴なし
秋（9～11月）	西日本、沖縄・奄美：低い 北・東日本：並か低い	有意な特徴なし	有意な特徴なし	有意な特徴なし	有意な特徴なし	有意な特徴なし
冬（12～2月）	東日本：高い	有意な特徴なし	東日本太平洋側：並か少ない	有意な特徴なし	有意な特徴なし	北日本太平洋側：並か多い

（出所）気象庁「ラニーニャ現象発生時の日本の天候の特徴」をもとに筆者作成

図表2-4　エルニーニョ／ラニーニャ現象の発生確率（予測期間：2018年5月～2018年11月）

（5か月移動平均値が各カテゴリー（エルニーニョ現象／平常／ラニーニャ現象）に入る確率（%））

年	月	平均期間	
2018年	5月	2018年3月～2018年7月	100
	6月	2018年4月～2018年8月	100
	7月	2018年5月～2018年9月	10 / 90
	8月	2018年6月～2018年10月	30 / 70
	9月	2018年7月～2018年11月	40 / 60
	10月	2018年8月～2018年12月	50 / 50
	11月	2018年9月～2019年1月	50 / 50

■エルニーニョ現象　　平常　　■ラニーニャ現象

（出所）気象庁「エルニーニョ監視速報」（NO.310）2018.7.10

第2章　異常気象の原因は？

図表2-5　全国の各都市及び都市化の影響が比較的小さいとみられる15地点平均の都市化率と平均気温の長期変化傾向（1931年～2015年）

地点	都市化率（%）	気温変化率（℃/100年）平均気温				
		年	冬	春	夏	秋
札幌	75.1	2.7	3.3	2.8	1.9	2.8
仙台	69.9	2.4	2.9	2.7	1.3	2.6
名古屋	89.3	2.9	2.9	3.1	2.2	3.1
東京※	92.9	3.2	4.3	3.2	2.0	3.4
横浜	59.4	2.8	3.4	3.0	1.8	2.9
京都	60.2	2.6	2.5	2.9	2.2	2.7
広島※	54.6	2.0	1.5	2.3	1.5	2.5
大阪※	92.1	2.7	2.6	2.7	2.2	3.7
福岡	64.3	3.0	2.9	3.3	2.2	3.7
鹿児島※	38.8	2.8	2.7	3.2	2.3	3.0
15地点※	16.2	1.5	1.5	1.8	1.1	1.5

（注）100年あたりの変化率。都市化率とは、観測地点を中心とした半径7 kmの円内における人口被覆率。都市化の影響が比較的小さいとみられる15地点は、網走、根室、寿都、山形、石巻、伏木、飯田、銚子、境、浜田、彦根、宮崎、多度津、名瀬、石垣島。※を付した4地点及び15地点中の2地点（飯田、宮崎）は観測場所の移転に伴い移転前のデータを補正。
（出所）気象庁の資料をもとに筆者作成

5　ヒートアイランド現象

　ヒートアイランド現象は、郊外よりも都市の気温が高くなる現象をいいます。気温分布図を描くと、都市を中心に高温域が島の形状に分布することから、このように呼ばれています。

　ヒートアイランド現象は、都市化の進展により顕著になりつつあり、夏季は日中の気温の上昇や熱帯夜の増加により熱中症等の被害や生活上の不快さを増大させる要因になっています。また、冬季は植物の開花時期の異常や、感染症を媒介する生物が越冬可能になる等、生態系の変化も懸念されています[11]。

　気象庁は、都市気候モデルを用いたシミュレーションを活用して、水平距離2キロメートルごとの気温や風の分布の解析を行い、その成果は、最高・最低気温や熱帯夜日数の観測値の経年変化などとともに、「ヒートアイランド監視報告」として2004年度から公表しています。

　図表2-5は、全国の各都市及び都市化の影響が比較的小さいとみられる15地点

平均の都市化率と平均気温の長期変化傾向を示しています。この図表から、都市圏での気温の上昇率が大きくなっていることが明らかです。

 ヒートアイランド対策

　政府は、2004年にヒートアイランド対策大綱を策定し、2013年にこれを改定しています[12]。この改定では、気温が30度を超える状況の長時間化や熱帯夜日数の増加といった高温化の傾向が続いており、熱中症の多発等、人の健康への影響が顕著となっていることから、従来からの取組みである「人工排熱の低減」、「地表面被覆の改善」、「都市形態の改善」、「ライフスタイルの改善」の4つの柱に加えて「人の健康への影響等を軽減する適応策の推進」を追加しています。この改定対策大綱のもとで取り組んでいる具体例をみると、次のとおりです。

①人工排熱の低減：家電製品等の省エネラベリング制度の普及、新たに小売事業者による省エネラベルの追加導入、省エネ法における住宅・建築物の省エネ基準の見直し、地方公共団体の再生エネルギー・未利用エネルギー導入促進のための実行計画の策定支援等
②地表面被覆の改善：地区計画等緑化率条例制度や緑地協定制度等、既存制度の活用推進
③都市形態の改善：都市緑地を保全する特別緑地保全地区制度等の推進、エコまち法による、都市機能の集約化とそれにあわせた公共交通機関の利用促進を軸とした低炭素まちづくりの推進
④ライフスタイルの改善：冷暖房の温度の適正化、再生エネルギーの普及、クールビズ、ウォームビズの推進の普及、打ち水等の取組み推進等
⑤人の健康への影響等を軽減する適応策の推進：地方公共団体の緑のカーテンの取組みの情報収集及び提供

　このうち、緑のカーテンの取組みについては、アサガオやゴーヤ等、つる性の植物を建築物の壁面や窓の外側を覆うように育てて緑化を行うもので、室内の温度を下げる効果があります。
　また、国土交通省では、子どもやお年寄りも楽しく取り組める緑化活動にするため、地方公共団体による公共施設への設置、広報等の取組みを実施することにより、一般への普及促進に努める、としています。

第 2 部

気象予報と ICT

第2部　気象予報とICT

第1章

気象庁と ICT

　天気予報は、さまざまな気象データを分析、活用することにより行われています。こうしたデータの分析にとって欠かすことができない技術が、ICTです。特に最近では、ビッグデータ、IoT、AI等の活用で、従来は困難であった複雑なデータも精緻な分析ができるようになりました。気象予報には、気象庁による予報と、民間気象事業者による予報があります。そして、いずれの予報も最新のICTを駆使することにより正確性の向上に注力しています。

　そこで第1章では、まず気象庁による気象データの収集・分析・発表をみた後、第2章で民間業者による予報をみることにします。

　気象庁は、各種の注意報・警報や天気予報を発表しています。こうした気象庁の気象データが収集、解析、発表されるまでには、さまざまなICTの活用によって、気象情報・予報の信頼性の維持、向上が図られています。

　気象庁による予報は、次のプロセスを経て国民に伝達されます。

1．各種の観測センサーや気象衛星等による気象観測により「気象データ」を収集する。
2．収集した各種データをスーパーコンピュータにより「数値予想」にする。
3．数値予想をAI（人工知能）の機械学習により予報をガイドする「予報ガイダンス」にする。
4．予報官が予報ガイダンスを取り込んで、発表用の天気予報としての「発表予報」にする。
5．発表予報は、関係機関や報道機関を通じて国民に伝達される。

　以下では、気象データの収集⇒観測データの解析・予測・情報作成⇒天気予報・防災気象情報の配信のプロセスにおいて、ICTを中心とする技術が駆使されている実態を概観します。

1 気象データの収集

気象観測のデータは、気象衛星や高層気象データ収集のラジオゾンデ・ウィンドプロファイラ、レーダー、地上気象データ収集の各気象官署・アメダス、海洋気象データ収集の観測船、外国気象機関からのデータ収集等により行われています。

(1)気象衛星観測

気象衛星観測は、ひまわり8号と9号の2機体制で運用されており、現在、ひまわり8号が本運用にあり、9号がそのバックアップの役割を担って待機運用（スタンバイ）しています。そして、2022年からは、9号が本運用、8号がバックアップと役割を逆転させる予定です。

ひまわり8号・9号は、世界最先端の観測能力を有する静止気象衛星で、気象観測を行うことが困難な海洋や砂漠・山岳地帯を含む広い地域の雲、水蒸気、海氷等の分布を観測することができ、特に洋上の台風監視においては大きな威力を発揮する観測手段となっています。また、ひまわり8号から見える範囲の地球全体（全球）の観測を10分毎に行いながら、可視合成カラー画像にして送信することにより、特定の領域を高頻度に観測することができ（日本域では2.5分毎）、台風や集中豪雨をもたらす雲などの移動・発達を詳細に把握することができます。

ひまわり8号・9号は、こうした機能を発揮することにより、日本および東アジア・西太平洋域内の天気予報はもとより、台風・集中豪雨、気候変動などの監視・予測、船舶や航空機の運航の安全確保に活躍しています。

(2)高層気象観測

高層気象観測機器には、ラジオゾンデやウィンドプロファイラがあります。

このうち、「ラジオゾンデ」は、ゴム気球に吊るして飛揚させて、地上から高度約30km までの大気の状態を観測する機器です。なお、ラジオは無線電波、ゾンデは探針を意味します。

ラジオゾンデには、気圧、気温、湿度、風向・風速等の気象要素を測定するセンサーが搭載されていて、人の手か自動装置で放球され、観測を終えるとパラシュートによってゆっくり降下します。

また、「ウィンドプロファイラ」（ウインド（風）とプロファイル（様相）の合成語）は、地上に設置される風の観測機器で、地上から上空に向けて電波を発射して風の乱れ等によって散乱され戻ってくる電波を受信・処理することで、上空の風向・風速を測定します。

第2部　気象予報とICT

(3)気象レーダー観測

　気象レーダーは、アンテナを回転させながら電波（マイクロ波）を発射して、半径数百km の広範囲内に存在する雨や雪を観測します。発射した電波が戻ってくるまでの時間から雨や雪までの距離を測り、戻ってきた電波の強さから雨や雪の強さを観測します。また、戻ってきた電波の周波数のずれ（ドップラー効果。オーストリアの物理学者ドップラーが発見）を利用して、雨や雪の動きを引き起こす降水域の風を観測することができます。

　気象庁では、局地的な大雨の観測精度の向上を図るため、2012〜13年度にレーダー観測データの距離方向の解像度を従来の500 m から250 m に向上させる機器更新を行っています。

(4)地上気象観測

　地上気象観測には、各気象官署とアメダスによる観測があります。

　このうち「アメダス」（AMeDAS、地域気象観測システム）は、Automated Meteorological Data Acquisition System（自動地域気象データ収集システム）の略で、無人で気象観測を行う自動システムです。アメダスで測定された気象データは、電話回線を通ってアメダスセンターへ配信され、そこでデータの正確性を検証した後、気象庁へ送られます。アメダスが対象とする気象データは、雨量だけのところと、雨量、気温、風向風速、日照時間の4要素のところがあります。また、雪の多い地方の約320か所では積雪の深さも観測しています。

　アメダスは全国に約1,300か所あり、そのうち約840か所（約21 km 間隔）で4要素が、また約460か所（約17 km 間隔）で雨量が観測されています。

2　観測データの解析・予測・情報作成

　前述1で収集された観測データは、全国の気象台に配属されている予報官により分析され、先行きの予測、情報が作成されることとなります。

　こうした観測データの分析にとって不可欠となるツールがICT です。気象庁では、総合気象資料処理システム（COSMETS）により、膨大な観測データの解析予測やその配信を行っています。総合気象資料処理システムは、スーパーコンピュータと気象情報伝送処理システムから構成されています。

(1)スーパーコンピュータ

　気象庁のスーパーコンピュータ（スパコン）の第1世代は、1959年に導入されま

図表 1 - 1　気象庁の数値予報モデル

格子モデル	モデルの対象	内　容
2km 格子モデル	局地モデル	目先き数時間程度の大雨等の予想
5km 格子モデル	メソモデル	数時間から 1 日先の大雨や暴風などの災害予報
20km 格子モデル	全球モデル	1 週間先までの天気予報
40km 格子モデル	週間アンサンブル予報モデル	
55km 格子モデル	1 か月アンサンブル予報モデル	1 か月先までの天候予測
大気海洋結合モデル	3 か月／暖寒候期アンサンブル予報モデル	1 か月より先の季節予報

（出所）気象庁「数値予報モデル」をもとに筆者作成

したが、その後のデータ量の増加に対応するために 5 ～ 8 年毎に更新されてきて、2018年 6 月には第10世代として最新鋭のスパコンが導入、運用されています。このスパコンは、これまでに比べて気象計算のプログラムを約10倍の速度で処理する能力をもち、より多くのデータを高速に扱うことが可能となりました。気象庁では、今後、このスパコンを活用して、台風の影響や集中豪雨の発生可能性をより早い段階から高精度で把握するための防災情報の改善や、日常生活、社会経済活動のさまざまな場面で幅広く利活用される各種気象情報の更なる改善に取組む方針です。

スパコンでは、数値解析予報による大気の状態予測を行います。

①数値予報

「数値予報」は、気象庁の予報業務の根幹となる手法で、物理学の方程式によって、気温、風などの時間的変化をスパコンで計算して将来の大気の状態を求める手法です。

数値予報は、「数値予報モデル」と呼ばれるプログラムを活用することによって求められます。数値予報モデルには、風を予測する大気の流れ、水蒸気の凝結による降雨、太陽光による地表気温の変化など、さまざまな現象が織り込まれています。

数値予報では、まずスパコンで計算しやすいように、大気を格子（grid）状に区切って細分化したうえで、世界中から収集した観測データを使ってその各格子点の気圧、気温、風等の値を求めます。なお、こうした格子上に区切って求められる大気の状態を数値予報 GPV（Grid Point Value、格子点値）と呼んでいます。そして、スパコンでさまざまな現象のシミュレーションを行うことによって、各格子点の気温、風、湿度などの気象要素の推移を数値予報します。

気象庁では、図表 1 - 1 のように予報目的に応じた数値予報モデルを運用してい

ます。

　数値予報モデルで予測することができる気象現象の規模は、格子間隔の大きさに依存します。すなわち、格子間隔が20kmの「全球モデル」では、高・低気圧や台風、梅雨前線等の水平規模が100km以上の現象を予測することができます。

　格子間隔が5kmの「メソモデル」では、局地的な低気圧や集中豪雨をもたらす積乱雲等、水平規模が数10km以上の現象を予測できます。

　格子間隔が2kmの「局地モデル」では、水平規模が10数km程度の現象までが予測可能となりますが、個々の積乱雲が表現できるところまでにはいっていません。

　数値予報の精度は、数値予報モデルの精緻化、解析手法の高度化、観測データの増加・品質改善、数値予報の実行基盤となるコンピュータの性能向上によって、年々向上しています。

ひとくちmemo　　リチャードソンの夢

　1922年、イギリスの数学者であり、科学者、そして気象学者のルイス・フライ・リチャードソン（Lewis Fry Richardson）は、「数値解析による気象予報」と題する本を出版しました[1]。彼は、この本の中で物理方程式を数値的に解くことによって天気を予測できることを示しました。

　その手法を概観しますと、地球の表面をいくつかの格子に分割して、その格子を4、5個の層に分割します。これで大気を3次元のボックスに分割したことになります。そして、各ボックスに気象に関する変数を入力すれば、気圧、熱力学、流体力学といった大気物理学の方程式を使って近い将来の天候を予測することができる、というものです。この手法は、現在の数値予報の基礎となるものです[2]。しかし、問題は、おびただしい数にのぼるボックスの1つ1つについてこうした計算をするには多大のエネルギーを要することです。

　彼は、自分が開発した手法に従って6時間先の天気予報のための数値処理を試みましたが、それには実に2か月を要することになりました。この結果、彼は当日中に翌日の天気を予想するには、6万人にのぼる人々が一堂に会して整然と手計算することが必要となる、と述べています。

　実際のところ、リチャードソンの数値解析による予測が実践的に活用できるためには、大気のダイナミックな動きの精緻な分析を要する等、いくつかの課題がありましたが、そのなかでも高性能のコンピュータを使って演算することが最も重要な前提条件でした[3]。

　彼は、上述の本の序文でこう述懐しています。

第1章　気象庁とICT

「それがいつになるのか良く分からないが、たぶん、将来、天候が変化するよりも速い速度で、それも多大なコストを要することなく数値解析を行うことが可能となる日が来るだろう。しかし、これは夢のような話である」。

気象関係者の間で「リチャードソンの夢」と呼ばれたこの構想が実現したのは、彼が数値解析による気象予報の考え方を発表してから実に30年後となりました。1955年、最初の数値予報が、毎秒1万回の命令実行が可能なIBM 701を使って実施されました。そして、その後、ムーアの法則に従ってコンピュータの性能が向上するとともに、数値予報は飛躍的な進歩を遂げることになり、この結果、気象予報や気象モデルは極めて精緻化された高いレベルまで到達しています。

なお、「ムーアの法則」は、インテル社の創業者であるゴードン・ムーア（Gordon E. Moore）が唱えた経験則で、半導体の集積密度（1つの集積回路（ICチップ）に実装される素子数）が1年半で2倍になり、この結果、コンピュータの能力は1年半で2倍になる、という法則です。

②アンサンブル予報

数値予報の精度は、数値予報モデルの精緻化、解析手法の高度化、観測データの増加・品質改善、それに数値予報の実行基盤となるコンピュータの性能向上によって、年々向上しています。しかし、いかに数値予報を駆使しても、長い期間を対象とする予報では誤差が発生することは不可避で、予報期間が長くなるほど予測の不確定さが大きくなります。

こうした誤差の発生原因としては、次の3点をあげることができます。

ａ．大気のカオス性

大気の振る舞いは、将来の状況を断定的には予測できないカオス性があります。ここで「カオス性」とは混沌を意味します。もっとも、混沌といっても全く規則性がないというわけではなく、たとえば、大気の振る舞いが地上で暖められた大気の上昇と上空で冷やされた大気の下降といった規則的な振る舞いに加えて、時として渦巻き状の振る舞いが発生することがあり、これが大気のカオス性につながることとなります。

ｂ．観測データの不足

観測データの不足から、大気の振る舞いに影響を与える諸要因を十分に把握できないことがあります。

ｃ．数値予報モデルの限界

モデルの格子間隔が小さくなるほど気象現象はより精密に把握できますが、間隔

を縮めるにも限界があります。

　この３つの要因のうち、ｂとｃはコンピュータの性能向上と気象庁のたゆまぬ技術向上の努力により漸次改善されており、先行きも一段の改善が見込まれますが、ａの大気のカオス性が変わることはありません。このカオス性は、初期値の誤差が小さくとも時間経過により急速に増幅して、果ては数値予報の精度を大きく左右する、という性格を持っています。このように、はじめの条件のわずかな誤差が、先行きの結果の大きな誤差につながる、といった特性を「初期値鋭敏性」と呼んでいます。

　こうしたことから、気象庁では数値予報にアンサンブル予報と呼ばれる手法を活用しています。「アンサンブル予報」は、初期値に微小に異なった複数の数値予報を行い、その結果を統計処理することにより、不確定さを考慮した確率的な予測を可能にする手法です。

　ここでアンサンブルとは集合を意味し、アンサンブル予報は複数の数値を集合体として将来の確率付の気象予報にするものです。なお、アンサンブル予報に対して、単一の初期値から単一の予測を行う手法を「決定論的予報」といいます。

　気象庁では、現在、５日先までの台風予報と１週間先までの天気予報、そして、それよりも長期の天候予測にアンサンブル予報を利用しています（図表１−２）。ちなみに、１か月予報では50例、３か月、暖・寒候期予報では51例の数値予報が行われます。また、2018年６月運用開始のスパコンにより、集中豪雨や暴風などの災害をもたらす現象の予測にメソアンサンブル予報システムが運用されることになります。

　アンサンブル予報には、次のようなメリットがあります。

ａ．数値計算によって明確な情報を得ることが可能となり、予報の活用による分析に利用することができます。

ｂ．複数の数値予報の結果を平均するアンサンブル平均を行うことで、誤差が相殺されて予測精度を高めることが可能となります。

ｃ．複数の数値予報のうちのいくつかが同じ状態を予測していれば、その状態の発生確率が高く、逆にバラついた状態を予測していれば、発生確率が低いと判断することができます。

　特に、アンサンブル予報により、さまざまな気象要素を確率分布で提供する加工が可能となり、産業界における活用に資するところが大きいと考えられます。すなわち、天候リスクを抱える企業は、定量的なデータでの確率分布を仕入量、売上げ、収益の予測に活用することができます。

　図表１−３は、アンサンブル予報から得られたある地域の４週平均気温平年差予

図表1-2 アンサンブル予報から得られた台風進路の5日予報の例

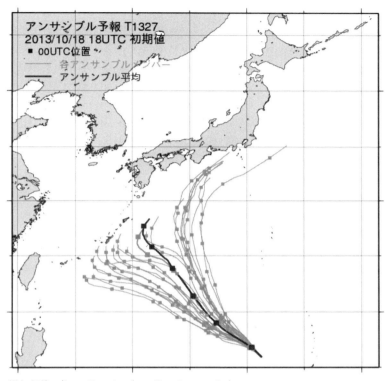

(注) 細線:各アンサンブル(アンサンブルメンバー)
　　 太線:アンサンブル平均
(出所) 気象庁「アンサンブル予報」

測値の確率分布です。この図表から、向こう4週間の気温は平年より高い可能性が大きいこと、平年よりも1.5～2℃位高くなる可能性が最も大きいこと、もっとも、わずかながら平年よりも低くなる可能性もあること、を読み取ることができます。

(2) 気象情報伝送処理システム

　総合気象資料処理システムのもう1つのシステムは、気象情報伝送処理システム(アデス、ADESS、Automatic Data Editing and Switching System)です。
　アデスは、東日本システム(東京都清瀬市)と西日本システム(大阪市)の2中枢から構成され、観測データの収集や気象官署間の通信、気象庁から関係機関や民

図表1-3　気温平年差予測値の確率分布の例

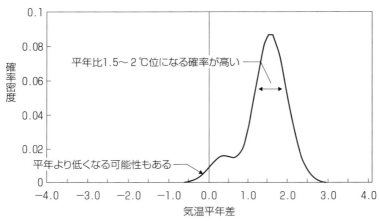

（出所）天候リスクマネジメントへのアンサンブル予報の活用委員会　「資料4 アンサンブル予報による気温予測値等の確率分布の算出方法」気象庁、p.113

　間気象事業者への気象情報等の提供を担う気象庁の基幹業務システムです。
　国内外の気象官署やアメダス等で観測、収集されたさまざまな気象データは専用回線によってアデスに集約されます。アデスはこうした気象データを利用目的に応じて24時間365日ノンストップで遅滞なく編集、処理したうえで、天気予報や警報注意報等の気象情報として、国および地方の防災機関、報道機関、民間気象事業者等に配信、提供しています。
　アデスが取り扱うデータは、1.6TB（テラバイト）で、これは1日間だけでなんと新聞約11,000年分のデータを取り扱っていることに匹敵する文字通りのビッグデータとなります。

3　予報ガイダンスの作成

(1) 予報ガイダンスの目的

　数値予想モデルは、スパコンを利用して将来の気象状況の予測を行います。この計算結果は、将来の大気状態に対応するさまざまな数値の羅列となり、こうしたビッグデータをそのまま天気予報として使うことはできません。
　そこで、天気予報の作業を支援することを目的に、数値予想モデルで出力された結果をもとに、統計手法を利用して加工した予報ガイダンスが作成されます[4]。

第1章　気象庁とICT

このように、「予報ガイダンス」は、数値予想を予報に必要な要素に客観的に翻訳したもの、ということができます。

(2)機械学習とディープラーニング

①機械学習

数値予想を翻訳して予報ガイダンスを作成するプロセスにコンピュータの機械学習が活用されています[5]。

ここで、「機械学習」とは、大量のデータをもとにしてコンピュータに学習を行わせることによって、コンピュータが、そのデータのなかから一定の法則を見出し、その法則を活用することによりデータの分類や予測を行う、といったAI（人工頭脳）技術です。

予報ガイダンスで使われている機械学習は、ニューラルネット、カルマンフィルター、線形重回帰、ロジスティック回帰です。

ａ．ニューラルネット（neural network, NN）

人間の脳は、膨大な数の神経細胞から構成されていて、その神経細胞をニューロンといいます。そして「ニューラルネット」は、人工のニューロン同士を結合させて人間の脳の神経回路を模したネットワークを構築し、その結合の強さを学習させることにより予想誤差を最小化するモデルです。ニューラルネットは、降雪量、雲、日照等の予測に用いることができます。

ｂ．カルマンフィルター

予測値には、多かれ少なかれ正確さを妨げるノイズが含まれています。そこで、先行きの予測値につきその実績が観測されたところで、その観測値をもとにして予測値を修正してノイズを除去します。「カルマンフィルター」は、こうした補正（フィルタリング）を繰り返しながら先行きの予測値の正確性を高める手法で、フィルターとはノイズを除去することをいいます。カルマンフィルターは、米国工学者のルドルフ・カルマンによって提唱された方法で、気温、風、降水量等の予測に用いることができます。

ｃ．線形重回帰、ロジスティック回帰

「線形重回帰」は、量的変数を予測する手法で、たとえば降水量（24時間最大）、風速等の予測に用いることができます。一方、「ロジスティック回帰」は、発生確率を予測する手法で、たとえば発雷確率、降水確率等の予測に用いることができます。

②ディープラーニング

気象庁は、今後とも予報ガイダンスの改善を継続するとともに、ディープラーニ

第2部　気象予報とICT

ングを気象予測に適用する方針です。

　ここで「ディープラーニング（深層学習）」とは、機械学習の一種で、データの分析を繰り返して行うことにより、高次の分析を可能とするAIです。すなわち、従来の機械学習では、学習データを用意する段階、分析ロジックを考える段階、正誤判定を行う段階の各段階で必ず人間が介在する必要がありました。

　たとえば、画像認識では、人間を認識するための輪郭、人の顔を認識するための局所の明暗差等の構造データを用意して、これが何を意味するかを分析し、対象物ごとに何が特徴であるかを人間が指定する、というように人手の介在が必要でした。そして、このように、対象物の面積、幅、長さ、明暗等の特徴を機械的に捉えたデータを「特徴量」といいます。

　これに対して、ディープラーニングは、AIがこれまで人間が手作業で行ってきた特徴量の抽出を行い、AIが抽出したデータの分析を繰り返し行うことにより誤差が極小化される、というように、人間が行っていたことをすべてAIが行い、人間の介在を無くしました。そして、これによりAIの活用範囲が、音声認識等にまで拡大することが可能となりました。

　このようにAIは、ディープラーニングにより、その活用が大きく進展しました。

4　天気予報、防災気象情報の配信

(1)配信方法

　以上みてきたプロセスを経て、天気予報や防災情報が配信されます。こうした情報の配信方法には次のように3種類があります。

① XMLによる天気予報、注意報・警報等の配信

　気象庁では、従来、さまざまな気象情報を情報毎に独自のフォーマットで提供してきましたが、2011年にこれをXML化しました。これにより、多くのユーザーが利用する天気予報や注意報・警報は、XML形式で配信されています。

　ここで、「XML（Extensible Markup Language）」とは、W3C（World Wide Web Consortium、Webで使用される各種技術の標準化を推進するために設立された非営利団体）が策定したWeb上における国際標準技術です。XMLは、データ記述にあたり、各データを項目名のタグで括って記述する代表的な方法です。

　気象庁は、高度にICT化された社会における気象情報の幅広い活用を図るために、警報等の電文形式の情報について、情報毎に定める固有形式に代えて、汎用性が高く広く普及しているXML形式の仕様を定めています。これは、XMLコンソーシアムの協力のもとに策定されたもので、この結果、気象や地震等、異なる分野

の情報も統一的に扱うことができる形になり、ユーザーのさまざまなニーズへの対応やシステム効率に資することになります。 なお、XMLコンソーシアムは、XML技術のビジネスにおける実用化推進を行う国内唯一の団体です。

この XML による仕様は、「気象庁防災情報 XML フォーマット」（Ver.1.0）として策定され、この仕様に基づく各種の防災情報の提供が行われています。

XML フォーマットにより提供される気象情報には、「気象警報・注意報」、「台風情報」、「津波警報・注意報」、「緊急地震速報」、「地震情報」、「噴火警報・予報」、「天気予報」、「週間天気予報」等があります[6]。

②地点毎データ等の配信

ラジオゾンデ観測やウィンドプロファイラ観測、地上・地域気象観測で収集された地点毎データ等は、BUFR形式等の国際ルールに基づいた形式で配信されます。

ここで、「BUFR形式」とは、国際連合の専門機関WMO（世界気象機関）が定める通報式で、コンピュータによる処理を前提とした、連続したビット列からなる二進形式（バイナリ）通報式です。

③メッシュデータ等の配信

気象衛星観測やレーダー観測、数値予報資料等によるメッシュデータは、GRIB形式等の国際ルールに基づいた形式で配信されます。

ここで、メッシュとは、地域を格子状に区切った区画で「メッシュデータ」は、メッシュの範囲における各種情報を整備したデータをいいます。

また、GRIB形式とはWMOが定める通報式です。GRIB形式は大量の格子点データをまとめて格納することを目的としたフォーマットで、現在、第2版（GRIB2）が適用されています。

(2)気象データの利用環境の高度化

気象庁では、気象データ情報が幅広いユーザーの間で有効に活用されるように、前述のXML化のほかに、利用環境を高度化するさまざまな施策を講じています[7]。

①気象庁ホームページでの提供の改善

従来、ユーザーが気象情報を受信するためには受信サーバを常時稼動する必要があり、ユーザーに負担があったため、気象庁では、2016年に気象情報が発表された際に、更新情報を気象庁ホームページに掲載することにより、ユーザーが任意のタイミングで気象情報の取得ができるようにしました。

これにより、ユーザーの負担が大幅に軽減され、気象情報に関するサービスの開発への活用が期待されます。

第2部　気象予報とICT

②訪日外国人旅行者等に提供する気象情報の環境整備

i　予報区GISデータの公開

　気象庁は、各種情報に用いる予報区GISデータを作成して公開しています。こ
こで、GIS（Geographic Information System、地理情報システム）とは、地理的位
置を手がかりにして位置に関する情報を持ったデータを管理、加工、表示すること
により、高度な分析や迅速な判断を可能にする技術です。

　GISは、阪神・淡路大震災の反省等をきっかけに、政府において本格的な取組み
が始まり、2007年に地理空間情報の活用の推進に関する施策を総合的かつ計画的に
推進することを目的として、地理空間情報活用推進基本法が制定されました。

ii　気象庁XML辞書や気象情報の概要、取るべき行動の多言語化

　気象庁は、多言語化したXML辞書等を機械判読に適した形式で作成して公開し
ています。

(3)配信される気象情報の種類

　配信される気象情報は、日々メディアが報じている天気予報をはじめとして極め
て多岐に亘りますが、ここでは特徴のあるいくつかの情報をピックアップして、そ
の内容をみることとします。

①特別警報

　気象庁では、気象業務法を改正して2013年8月から「特別警報」の運用を開始し
ています[8]。特別警報は、大津波や居住地域に影響を及ぼす火山噴火、数十年に一
度の豪雨が予想されるなど、重大な災害の起こる恐れが著しく大きい場合に発表さ
れ、気象庁として最大限の危機感、切迫感を伝達する目的を持っています。

　特別警報は、大雨（大雨等による山崩れ、地滑り等の特別警報は、大雨特別警報
に含めて発表される）、暴風、暴風雪、大雪、高潮、波浪、津波、火山噴火、地震
動（地震の揺れ）の9つの現象が対象となります。そして、これらの中で大雨、暴
風、大雪、高潮などの気象に関連する現象については、たとえば大雨特別警報とい
うように「○○特別警報」という名称で発表されます。

②降水短時間予報と降水ナウキャスト

　気象庁では、目先きの降水の分布を1km四方の細かさで予測して、これを降水
短時間予報や降水ナウキャストとして公表しています（図表1-4）。

　降水短時間予報や降水ナウキャストは、通常1日3回発表される今日・明日の天
気予報や天気分布予報とは異なり、短い時間間隔で発表されることにより、目先き
の降水の予測を可能な限り詳細かつ迅速に提供することを特徴としています

　このうち、「降水短時間予報」は、15時間先までの大雨の動向を把握して、避難

第1章　気象庁とICT

図表1-4　降水短時間予報と降水ナウキャスト

	発表の間隔	スパン	具体例
降水短時間予報	30分間隔	15時間先までの各1時間の降水量	例えば、9時の予報では9時から24時までの1時間降水量を予測
降水ナウキャスト	5分間隔	1時間先までの5分毎の降水の強さ	例えば、9時25分の予報では9時25分から10時25分までの5分毎の降水の強さを予測

(出所) 気象庁

　行動や災害対策に役立てることを目的としています。なお、2018年6月の第10世代スパコン導入により、降水予測がそれまでの6時間先までが15時間先までに延長されました。

　一方、「降水ナウキャスト」は、降水短時間予報以上に迅速な情報として、数十分程度の強い雨で発生する都市型の洪水などの防災活動に活用することができます。

　また、降水短時間予報と降水ナウキャストを併せて利用することで、防災活動に有効な情報を得ることができるほか、外出や屋外での作業前に目先き数時間の雨の有無を知りたい時等、日常生活でも利用することができます。

　なお、降水短時間予報は予報時間が先になるほど精度が下がることから、常に最新の予報を確認することが勧奨されます。また、目先き1時間以内のより詳しい見通しには、降水ナウキャストを併せて利用することが効果的です。

③高解像度降水ナウキャスト

　気象レーダーの観測データを利用して、250m解像度で行われる降水の短時間予報を「高解像度降水ナウキャスト」と呼んでいます。従来の降水ナウキャストが2次元で予測するのに対し、高解像度降水ナウキャストでは、降水を3次元で予測する手法を導入しています。

　また、高解像度降水ナウキャストでは、積乱雲の発生予測にも取り組んでいます。地表付近の風、気温、及び水蒸気量から積乱雲の発生を推定する手法と、微弱なレーダーエコーの位置と動きを検出して、微弱なエコーが交差するときに積乱雲の発生を予測する手法を用いて、発生位置を推定し、対流予測モデルを使って降水量を予測します。

④記録的短時間大雨情報

　気象庁では、記録的短時間大雨情報の発表を迅速化させています。すなわち、気象庁では、数年に一度程度しか発生しないような短時間の大雨（いわゆる「ゲリラ豪雨」）を雨量計で観測した場合や、雨量計と気象レーダーを組み合わせて解析し

31

た場合にその地域にとって災害の発生につながるような稀にしか観測されない雨量になっていることを伝える情報として、記録的短時間大雨情報を発表しています。記録的短時間大雨情報では、気象注意報・警報と同様に、地域ごとの発表基準が設定されています。

（解析雨量）

「解析雨量」は、全国に設置されているレーダー、アメダス等の地上の雨量計を組み合わせて、降水量分布を1km四方の細かさで解析したものです。解析雨量を利用すると、雨量計の観測網にかからないような局所的な強雨も把握することができます。

すなわち、アメダスは雨量計により正確な雨量を観測しますが、雨量計による観測は面的に隙間があります。一方、レーダーでは、雨粒から返ってくる電波の強さにより、面的に隙間のない雨量が推定できますが、雨量計の観測に比べると精度が落ちます。そこで、両者の長所を生かし、レーダーによる観測をアメダスによる観測で補正すると、面的に隙間のない正確な雨量分布が得られます。

気象庁では、2016年9月から雨量を解析する処理を従来に比べて高頻度かつ短時間で行うことにより、従来より最大で30分早く発表して、土砂災害や浸水害について、大雨注意報・警報などで段階的に報じられる危険度の高まりに加えて、実際に記録的な大雨が降り、状況がさらに悪化したという実況を逸早く伝える施策を実施しています。

⑤流域雨量指数の予測値

気象庁は、中小河川の洪水危険度の予測技術として「流域雨量指数の予測値」の開発を進めています。この予測をもとにして、数時間先の河川ごとの洪水危険度を予測することが可能となります。

これにより、実際に水位が急上昇する前の早い段階から措置を講ずることが可能となり、減災に寄与することが期待されます。

第2章

民間気象事業者とICT

　天気予報は、気象庁のほか、民間気象事業者からも提供されています。こうした民間気象事業者による予報には、気象庁から入手したデータをもとに、それを分かりやすく加工して提供するタイプや、民間業者が独自に収集したデータを提供するタイプ、それに気象庁のデータと民間業者が収集したデータを組み合わせて提供するタイプがあります。

1　民間気象事業者の気象サービス

(1)気象庁と民間気象事業者

　気象庁は、民間気象業務支援センターを通じて気象庁の観測・解析・予報等の成果およびこれらの作成過程で得られる数値予報資料や解説資料等の気象情報をオープンデータとして民間気象事業者に対して提供しています。

　民間気象事業者では、こうしたデータをさまざまなユーザーのニーズにマッチする形に、加工、可視化して提供するサービスを展開しています。

　特に、天候リスクが各種企業の業績に与えるインパクトが大きくなっている状況にあって、多くの企業では、気象庁から提供される情報だけではなく、各々のビジネスからみて特に重要な天候リスクに関する情報を民間気象事業者に求めるニーズが強まっています。こうしたことから、民間気象事業者は、気象庁から提供された情報を各々の企業に対応した情報に加工したり、民間業者が独自にデータを収集する等により、企業の多様なニーズに応えています。

(2)気象業務支援センター

　気象業務支援センターは、気象庁と民間気象事業者や報道機関をはじめとする気象情報ユーザーとの間に立って、気象庁からの気象情報をユーザーへ迅速かつ確実に配信する役割を担っています[1]。

　気象業務支援センターが提供するデータは、オンライン気象情報と過去の気象デ

ータがあります。

　このうち、オンライン気象情報は、気象庁が発表する天気予報、気象観測データ、地震や津波等の各種気象情報で、マスメディアやインターネット等の情報ネットワークを通じて国民や企業等に提供されます。また、これらの情報は、民間気象事業者等により、局地予報や各種のニーズに応じた気象情報として加工が行われてユーザーに提供されています。

　一方、過去の気象データは、気象庁が保有する統計、衛星、客観解析、地震（震源・波形）、高層、海上等のデータを規定の磁気媒体により提供されます。

　気象業務支援センターによると、このところ同センターからのオンライン配信サービスのユーザーが増加しており、その顔ぶれも従来の民間気象事業者や報道機関から、情報通信、システム開発、建設、コンサルタント等、多様な産業分野に裾野を広げている、としています。こうした傾向は、例えば、気象関係以外に情報通信、安全・危機・システム管理、エネルギー等の本来事業を持つ企業が、そうしたビジネスと気象庁のデータを融合させることにより、本来事業に付加価値をもたらす、といった形で気象データの活用が増加していることを示唆している、と考えられます。

2　予報業務許可事業者

　民間気象事業者は、気象情報データに関わるビジネスを行う企業等であり、その大半が気象予報を実施しています。こうした気象予報は、国民生活や企業活動に密接に関連していることから、技術的な裏付けの無い予報が無暗に社会に発表されることがないように気象庁長官による許可制としており、この許可を得た業者を「予報業務許可事業者」といいます（図表2-1参照）。

①許可の対象となる業務

　この許可の対象となるのは、観測資料などをもとにして独自に天気、気温、降水、降雪等、大気現象の予想結果を第三者であるユーザーに提供する場合であり、気象庁発表の予報や他の許可事業者が発表した予報を解説するだけとか、花粉の飛散、植物の開花等、大気現象以外の予想の提供は、予報業務許可の対象外となります。

　また、現在、民間業者から各種の気象指数が発表されていますが、こうした指数についても、大気の諸現象と一対一に対応づけられるようなもの（例えば、指数の値から一定の式で気温などが逆算できるもの）以外は、予報業務許可の対象外です。

②予報業務許可の種類

　予報業務許可は、予報業務の目的を、不特定多数を対象とした「一般向け予報」

第2章 民間気象事業者とICT

図表 2 - 1　予報業務許可事業者（気象・波浪）（五十音順）

(株)アース・ウェザー	信越放送(株)
(株)アップルウェザー	(株)Snow Cast
(株)アルゴス	(株)スポーツウェザー
いであ(株)	総合気象計画(株)
伊藤忠テクノソリューションズ(株)	田平耕治
(株)ウェザーテック	(株)中電シーティーアイ
(株)ウェザーニュース	(株)テレビ新広島
(株)ウェザープランニング	(株)テレビ東京
(株)ウェザーマップ	東北放送(株)
(株)エナリス	(国研)土木研究所
(株)愛媛朝日テレビ	日本アイ・ビー・エム(株)
(株)エムティーアイ	日本気象(株)
(株)MTS雪氷研究所	(一財)日本気象協会
(一財)沿岸技術研究センター	(株)日本気象コンサルティング・カンパニー
(株)応用気象エンジニアリング	(国研)農業・食品産業技術総合研究機構
(株)オフィスNickNack	(株)ハレックス
小川和幸	日立市
鹿児島テレビ放送(株)	広島市
(株)風見屋	(有)ファインウェザー
梶原徳和	福島テレビ(株)
NPO法人気象キャスターネットワーク	福井テレビジョン放送(株)
(株)気象工学研究所	(株)フランクリン・ジャパン
(株)気象サービス	北海道放送(株)
気象情報通信(株)	北海道テレビ放送(株)
岐阜大学	(株)ポッケ
国際気象海洋(株)	(株)毎日放送
(株)建設技術研究所	(株)南日本放送
(株)サーフレジェンド	明星電気(株)
札幌総合情報センター(株)	(株)メテオテック・ラボ
(株)サニースポット	山口放送(株)
山陽放送(株)	(株)ヤマテン
四国放送(株)	(株)吉田産業
シスメット(株)	(株)ライフビジネスウェザー
(株)島津ビジネスシステムズ	(国研)理化学研究所
(株)湘南DIVE.com	

(2018.3.8現在71者)
(出所) 気象庁

と、特定の利用者を対象とした「特定向け予報」に分類して行われます。
　一般向け予報と特定向け予報では、予報を受けるユーザーが予報に関して持つ知
識が異なることから、行うことができる予報の内容が異なります。例えば、一般向

け予報の場合、台風に関しては気象庁の情報の解説にとどめ独自予報の提供はできませんが、特定向け予報であれば独自に台風予報を行うことができます。
③予報業務許可事業者

現在、予報業務許可事業者（気象・波浪）は71者（2018.3時点）で、そのうち主要な事業者は、日本気象協会、ウェザーニューズ、ハレックス、テレビ局等です。

3 気象予報士

気象予報士制度は、気象庁提供のデータを適切に利用できる能力を持つ技術者を確保することにより、民間による一般向け天気予報が的確に行われる体制を構築することを目的として、1994年に創設されました。

すなわち、気象予報士は、気象庁から提供される高度でさまざまな気象データを総合的に判断し、責任を持って的確に気象予報を行うことができる気象のスペシャリストです。

気象予報士の資格は、予報業務許可事業者で予報業務を行う者が取得しなければならない国家資格です。

気象予報士試験は、気象業務支援センターが、気象庁長官の指定試験機関として実施しています。気象予報士試験は、

①今後の技術革新に対処しうるに必要な気象学の基礎的知識

②各種データを適切に処理し、科学的に予測を行う知識および能力

③予測制度を提供するに不可欠な防災上の配慮を的確に行うための知識および能力

を認定することを目的としています。

試験は年2回（1月と8月）行われ、試験科目は、多肢選択式による学科科目（予報業務に関する一般知識と予報業務に関する専門知識）と、記述式による実技試験があります。なお、ここ5、6年間の合格率は、4％台で推移しています。

気象予報士試験の合格者が気象予報士となるには、気象庁長官の登録を受ける必要があり、2018年5月1日現在で10,143名が気象予報士として登録しています。

気象業務法では、民間気象事業者が気象などの予報業務を行う際には気象予報士に現象の予想を行わせることが義務付けられており、気象予報士は民間気象事業者等で活躍しています。

4　日本気象協会

　日本気象協会は、予報業務許可事業者の一員として、気象情報の提供および防災や環境などに係る調査コンサルティングを業務とする一般財団法人です。また、ICT に対応した独自の総合気象数値予測システム「SYNFOS」やオンライン総合気象情報サービス「MICOS」を基盤として、気象情報を活用した事業を展開しています。

　これを具体的にみると、「メディア・コンシューマ事業」では、マスメディアを通じて、最新の気象・防災コンテンツを提供するほか、tenki.jp、ポータルサイト各社、各種アプリ、デジタルサイネージ（電子掲示板）等を通じて生活に必要不可欠な天気や防災、季節に関する情報を提供しています。

　一方、「防災ソリューション事業」では、防災・減災、安全管理に関する事業分野において、調査解析、システム設計・開発、情報提供までのサービスをワンストップで実現し、また「環境・エネルギー事業」では、環境アセスメントや大気シミュレーションなどの観測・調査と、再生可能エネルギーを含むエネルギー関連事業のワンストップサービスを提供しています。

　なお、日本気象協会は、各分野において技術研究開発を行っており、その一つとしてドローンを使った高層気象観測の実証実験があります[2]。同協会は、この実験によりドローンにより観測された気温・風速と、気象観測鉄塔の観測気温・風速はおおむね一致していることが明らかとなったとの結果を得ることができたとしています。また、ドローンポート上空で発生する強風や突風は、ドローンの安全運航に大きな影響を与えることから、日本気象協会は NEDO（新エネルギー・産業技術総合開発機構）と共同で、ドローン総合気象情報をドローンパイロットやドローンの運航管理者等に提供することを目的としてデータ連携や気象観測の実証実験を行っています。

　日本気象協会では、今後、ドローンを使った小型超音波風速計搭載による風向風速観測手法の確立、火山調査、ヒートアイランド・大気汚染調査等に取り組みたい、としています。

5　民間気象事業者と ICT

　企業や個人の間に ICT の活用が普及、浸透するなかで、民間気象事業者はパソコン、スマートフォン（スマホ）等を活用した気象サービスの拡充など、個々のユーザーのニーズをきめ細かく汲み取るサービスを展開しています。今後とも、民間

第2部　気象予報とICT

気象事業者がICTを活用した多種多様なニーズに対応した気象サービスの提供に向けて重要な役割を果たすことが期待されます。

　以下では、民間気象事業者から数社を取り上げて、気象ICTの活用をみることとします。

(1)IBMの天気予報

① Deep Blue と Deep Thunder

　1996年、IBMは企業向けにテーラーメイドの気象予測モデルの開発を始めました。これは、各企業がビジネスを行う地域の気象の短期予測を行うためのモデルです。したがって、このモデルの目的は、メディアが報じている一般向けの天気予報といったものではなく、特定の企業のために行う特定の地域の短期気象予想です。

　たとえば、一般の気象予報では、オリンピックでこれから3時間後に行われる水面から10メーター上からジャンプする競技の飛び込み台近辺で風速がどうなるか、を予測することはできません。

　そこで、IBMと米国の国立気象サービスは、このように特定の地域で、特定のタイミングで、特定の気象条件について、正確な気象予測を行うことはできないか研究を進めてきました[3]。そして、1996年、IBMと米国の国立気象サービスは、こうしたモデルを走らせることができるスーパーコンピュータを開発しました。

　その翌年の1997年、IBM Deep Blueの名称がつけられたコンピュータがチェスの世界チャンピオンを負かすという快挙があり、これをヒントにしてある新聞記者がIBMの気象予測システムをDeep Thunderと呼び、これが正式の名称として定着することになりました。

　Deep Thunderは、機械学習を行うモデルで、この活用により気象がビジネスに与える影響を予想することができます（機械学習については第1章3(2)参照）。

② Deep Thunder の活用法

　IBMは、Deep Thunderの目指すところは、多くの人々に提供する気象予測ではなく、ビジネスに役立つ情報の提供であり、それにはハードウェアの開発というよりも、こまごましたビジネスのニッチのニーズを個々にくみ上げるソフトウェアの開発に重点を置く、という大きな方向性を打ち出しました。

　たとえば、正確な気象予測と特定のビジネスの動態分析を組み合わせれば、航空会社は飛行経路を機動的に変更することができ、飛行場は、天候による飛行機の発着遅延を前広に把握することができ、搭乗者の混乱を未然に防止することができます。

　また、消防士は、特定の地点の風向き・風速や気温等の気象要素を正確に把握す

ることにより、山火事を効率的に鎮めることができます。

このように、特定の時点の、特定の地点の、特定の気象条件を正確に予想することにより、気象の影響を受ける企業等は、それに備えて機動的に最適行動を選択することが可能となります。

③ Deep Thunder とウエザーカンパニー

IBM は、気象予報システムの Deep Thunder の研究開発を進めることにより、実用化に向けて大きく前進することになります。そのドライバーとなったのが、IBM によるウエザーカンパニー社の買収です。

IBM は、2015年に米国のウエザーカンパニー社と世界規模の戦略的提携を発表し[4]、その翌年の2016年にウエザーカンパニー社の製品およびテクノロジーを買収しました。これにより、IBM はウエザーカンパニー社を傘下企業にして IBM の一部門としています。

ウエザーカンパニー社は、全世界25万カ所以上の計測点や毎日5万回以上の航空機のフライトから収集する膨大なデータを分析して、高精度の気象予報やさまざまな業界向けの気象関連サービスを提供する世界最大で最先端の商業気象会社です。特に、ウエザーカンパニー社の予測システムは、何千ものソースからデータを取り込み、それを処理することで、世界約30億の予測ポイントに対応し、1日に100億件もの予測を提供する能力を備えています。

ウエザーカンパニー社は、ウェブサイトとケーブルテレビを運営し、天気予報、天気図、気象関連ニュース、異常気象警報等の気象情報を発信しています。ウエザーカンパニー社の Weather Channel は、専用アプリを提供する世界最大規模の API プラットフォームで、4千万台のスマホから1日当たり260億件の問い合わせがあり、「米国の気象庁」ともいわれています。

④ IBM とウエザーカンパニー社によるクラウドサービス

IBM は、豊富なデータを持つウエザーカンパニー社を傘下に入れることにより、気象会社のデータプラットフォーム、IBM のグローバル・クラウド、AI（人工知能）ワトソンのコグニティブ・コンピューティング能力、それに IoT プラットフォームを融合することにより、気象というダイナミックに変動するデータを活用してユーザーに提供するビジネスモデルを展開しています。

ここで、クラウド、AI、IoT といった ICT に関する重要な項目が出てきましたので、その内容を順次みることとします。

a．クラウド

「クラウド」は、クラウドコンピューティング（cloud computing）の略称です。従来の方式では、ユーザーがネットワークを通じてサービスを受ける場合にネット

第2部　気象予報とICT

図表2-2　クラウドコンピューティングの構成

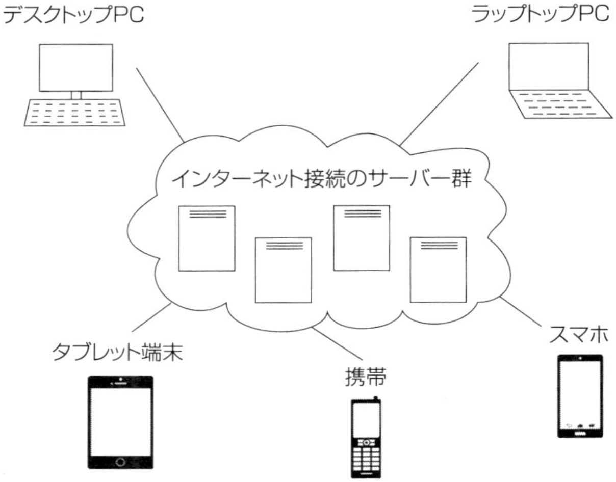

デスクトップPC　　　　　　　　　　　ラップトップPC

インターネット接続のサーバー群

タブレット端末　　　　　　携帯　　　　　　スマホ

（出所）筆者作成

ワークからサーバーに明示的にアクセスするという形で、ユーザーがサーバーを意識してサービスの提供を受けることとなります。

　一方、クラウドは、ユーザーがサービスの提供者から情報処理機器や情報処理機能の提供を受けますが、ユーザーがどの施設、機器からサービスの提供を受けているかを意識する必要のない方式です。これをクラウドと呼ぶのは、システムの構成を示す場合にネットワークの向こう側を雲（クラウド）のマークで表す慣行があることによります（図表2-2）。そして、クラウドにより提供されるサービスを「クラウドサービス」と呼んでいます。

　クラウドでは、サービス提供者（ベンダー）がデータセンターに多数のIT機器を用意して、ユーザーがインターネットを通じてデータセンターのサーバーに保管してあるソフトウェアやデータ等を利用できるようなシステムを構築します。データセンターには多くのコンピュータ、サーバー等のIT機器が設置されていて、それが仮想化技術により1台のコンピュータのように稼働する仕組みとなっています。

　クラウドのユーザーは、ITインフラ、ソフトウェア、プラットフォームを所有することはなく、回線の設置・維持やネットワークの構築・管理をデータセンターにアウトソーシングすることになり、システム構築・維持の手間と時間とコストを節減することができます。また、ユーザーは、閑散期でニーズが低調な時にはクラウドからのサービスを少なくして、繁忙期にはサービスの供給を増やすといった形

40

で、クラウドの持つ可用性、拡張性を活用することができます。さらに、ユーザーは、パソコン（PC）、携帯、スマホ、タブレット端末等、さまざまな端末から、いつでもどこからでもネットワークにアクセスして、サービスの提供を受けるユビキタスの環境を享受することが可能です。

b．人工知能（AI）とワトソン

「人工知能」（Artificial Intelligence、AI）は、知的なコンピュータプログラムを作る科学技術です。具体的には、AIによって人間が行う各種問題のソリューションを見出す作業や、画像・音声の認識等の知的作業を行うソフトウェアを作り出すことができます。

IBMのワトソン（Watson）は、ディープラーニングを備えたAIとして商品化されているコンピュータシステムの代表例です。ワトソンは、2011年に米国の人気クイズ番組で最高金額の100万ドルを獲得して話題となりました。なお、ワトソンはIBMの創業者であるトーマスJ. ワトソンにちなんで命名されたものです。

ワトソンは、次の3つの機能を統合したプラットフォームで、IBMではこれを自ら思考するシステムの意味を込めて「コグニティブ・システム」（認識システム）と呼んでいます。

i　自然言語の処理

構造化データのみならず、非構造化データを読み取り処理する能力。

なお、「構造化データ」は、たとえば企業の財務データ、株価、顧客情報、販売・在庫等の経理データ、POSデータといった数値データで、その管理は、汎用のデータベースシステム等により簡単に行うことが可能です。

一方、「非構造化データ」は、文章、画像、音声等、特定の構造定義を持たないデータで、その分析は構造化データに比べて複雑で容易ではありませんが、ビッグデータの活用によって構造化データでは手にすることができなかった有益な情報を得ることができます。

ii　仮説の生成と評価

あいまいな課題であっても、自ら仮説を立てて推論や予測する能力。

iii　自己学習と能動的な知識の蓄積

過去の経験から学習効果を発揮し、進化する能力。

c．IoT

「IoT」（Internet of Things、モノのインターネット）は、パソコンやスマホ等の情報機器に限らず、さまざまな物体（モノ）にセンサーや制御装置等の通信機能を持たせて、インターネットにこれを接続して通信させる技術をいいます。伝統的なインターネット活用では、インターネットの操作は、e-メールやweb検索、SNS、

第2部　気象予報とICT

オンラインゲーム等でみられるように、「ヒト」がIT機器を操作することによりインターネットに信号が発信されます。これに対して、IoTによるインターネット活用では、ヒトを介することなく「モノ」自体がインターネットに信号を発信します。

IoTにより新たな次元のネットワークが実現して、IoTが収集するデータの分析、活用により、自動認識、自動制御、遠隔計測等を行うことが可能となります。具体的には、環境の把握、動きの把握、位置の把握に活用されます。このうち、環境の把握ではデバイス設置の周辺の環境を把握して、温度、湿度、気圧、照度等のデータを採取することにより、天候予測の精緻化を図ることができます。

⑤IBMクラウド

2015年のIBMとウエザーカンパニー社との事業提携では、ウエザーカンパニー社のデータプラットフォームをIBMクラウドに移行することにより、IBMのプラットフォームを利用してウエザーカンパニー社のデータをIBMのアナリティクス・サービスやクラウドサービスと統合しています。なお、「アナリティクス」とは、データの解析によりマーケティングやビジネスの意思決定に活用することを意味します。

この統合により、IBMは、気象データをIoT対応システムと従来のビジネス・データと組み合わせることで、企業の意思決定を基本的に変革することができる、としています。具体的には、IoTとクラウドによって、10万基を超える気象センサー、航空機や無人機、何百万台ものスマホ、ビル、さらには移動車両からのデータの収集とビッグデータの分析・活用が可能になります。

また、ウエザーカンパニー社は自社の気象データプラットフォームをIBMクラウドに移行することで、世界最大級のクラウドベースのアプリの開発を加速させることができます。

そして、ユーザーとしての企業は、IBMとウエザーカンパニー社の事業提携により、おびただしい頻度で更新されるウエザーカンパニーの気象データや予測を企業経営に容易に取り込めることが可能となり、また、気象データと企業活動のプロセスで得られたサプライチェーンや顧客の購買パターン等のデータを組み合わせることにより、企業経営の効率化、収益基盤の拡大を指向することができます。

⑥クラウドサービスの種類

IBMとウエザーカンパニー社が企業にクラウドサービスを提供する方法は、次のとおりです。

a．気象に対応したワトソンアナリティクス

過去およびリアルタイムの気象データをワトソンアナリティクスと容易に統合で

きるようにします。

これにより、IBMとウエザーカンパニー社は、保険、電力・ガス等のエネルギー、小売、ロジスティクスなどの業界向けソリューションを共同開発します。

ｂ．クラウド・アプリおよびモバイルアプリ開発者向けツール

ソフトウェア開発者等は、IBMのクラウド・アプリ開発プラットフォームで提供されるアナリティクスを用いて、ウエザーカンパニー社のデータをデバイス、センサー等から得られたデータと組み合わせることにより、モバイルアプリやWebアプリをスピーディに構築することができます。

ｃ．ビジネスに影響する気象に関する専門知識の蓄積

IBMグローバル・ビジネス・サービスのコンサルタントは、ウエザーカンパニー社が提供するデータと他の情報ソースを組み合わせることにより、各業界の課題をより効率的に把握、理解し、企業にビジネス上の問題のソリューションを提供することができます。

⑦クラウドサービス活用の具体例

IBMのクラウドや業界コンサルティング、アナリティクスと、ウエザーカンパニー社の気象データや予測を組み合わせることにより、企業は気象が自社の業績へ与える影響の予想とその対策を有効に講じることが可能となります。これをIBMが紹介する具体例でみると、次のとおりです。

ａ．保険会社による活用例

米国では、雹（ひょう）による車両損害の保険金請求総額が毎年10億ドルを超えています。

そこで、保険会社は、ウエザーカンパニー社の緊急気象予報サービスとIBMのアナリティクスを活用して、保険契約者のスマホ等に雹が降る警報と車を避難するのに安全な場所を送信します。これをみた保険契約者は、損害発生前に自分の車を移動することができます。これにより、保険会社は、年間で保険契約者1人当たり25ドル、総額で数百万ドルのコスト削減が実現可能となります。

ｂ．小売業者による活用例

小売業者は、暴風雨雪等の気象条件や気温の状況により売上げ品目や売上高に大きな影響を受けます。たとえば、降雪地域の小売業者は、暴風雪の予報が出るたびに、食料品、シャベル、砂、塩、防寒具の売上高が急増します。また、冬季に気温が大きく下がると、消費者は屋内にとどまる傾向があるため、売上高が不冴えとなります。

そこで、小売業者は、気象事象の影響を正確に把握、予測することにより、品目別在庫の機動的な調整とサプライチェーン戦略の立案を効率的に実施することがで

きます。

c．電力・ガス業者による活用例

電力・ガスは、気温の変化により業績が大きな影響を受ける代表的な業界です。たとえば、テキサス州では、気温が32度から35度に上昇すると、1日当たり2,400万ドル相当の電力消費の増加がみられます。

そこで、電力・ガス業者は、IBMとウエザーカンパニー社のサービスを活用することにより、電力消費をより正確に予測して、過剰な発電を回避するとともに、電力供給の中断削減等、より良いサービスの提供が可能となります。

⑧ハイパーローカル気象予測

IBMは、2016年のウエザーカンパニー社の買収により、ウエザーカンパニー社のグローバルな予測モデルとIBMが開発した短期で狭域（約0.3kmから1.9km四方ごと）なハイパーローカル気象予測を組み合わせた新しい気象予測モデルを開発しました。

これにより、気象情報サービスは、一般的な気象予報よりも高精度でかつ1地点に焦点を当てた予測が可能となり、ビジネスに一段と活用しやすい特質を備えることとなりました。

⑨天気ボット・サービス

2016年、ウエザーカンパニー社は、The Weather ChannelのアプリでFacebookメッセンジャー向けの天気ボット・サービスの提供を開始しました[5]。なお、「ボット」とはロボットの略称です。

The Weather Channelは、ウエザーカンパニー社が開発したモバイルアプリで、各地域の気象情報を知ることができます。また、Facebookメッセンジャーは友達や家族と気軽にメッセージをやり取りできるアプリとして世界中で毎月10億人に上るユーザーが利用しています。ユーザーはボットを利用することにより、気象関連のニュース・コンテンツ、現在の気象状況、予報、警報・注意報をはじめとした気象関連の情報を自分のニーズに応じてカスタマイズして表示し、共有できるようになります。

このボット・サービスには、IBMワトソンのコグニティブ・テクノロジーが使われていて、ボットが自然にユーザーの好みを学習して、個人の関心に見合った気象関連のニュース・コンテンツを配信します。ユーザーがボットを継続的に利用するにつれ、このボットはユーザーにアドバイスしたり、会話を予測して開始したりするようになり、より個人に合わせた体験を提供できるようになります。ボットは39言語に対応しており、Facebookメッセンジャーのユーザーは、The Weather Channel Facebookのファン・ページやメッセンジャーのアプリから簡単にアクセ

スすることができます。

ひとくちmemo　　天気予報アプリ

　現在、数多くのベンダーが無料で天気予報アプリをユーザーに提供しています。こうした天気予報アプリは、日本気象協会とウェザーニューズ社等が提供しているデータを利用しています。このような天気予報アプリには、Yahoo!天気、LINE天気、ウェザーニュースタッチ、ピンポイント天気、そら案内等があります。各天気予報アプリは、内容の充実度や見やすさ等で競っています。
　また、Yahoo! JAPAN は、「myThings」との名前の iPhone & Android アプリを開発して、ユーザーに無料で提供しています。myThings により、IoT プロダクトやWEBサービスを組み合わせて、日々の生活に関連するさまざまなサービスの提供を受けることが可能となります。
　これを天気についてみると、次のような活用方法があります。
・「Yahoo! 天気」と「プッシュ通知」を組み合わせると、雨が降りそうなとき「傘を忘れないで」との通知を受け取ることができます。
・「Yahoo! 天気」と「BOCCO」を組み合わせると、今日の天気予報をBOCCO（ロボット）がおしゃべりで通知します。
・「Yahoo! 天気」と「LINE」を組み合わせると、気温に合わせて、家族のグループに「今日は厚手のコート着てね」等の連絡をすることができます。

⑩日本IBMの天気予報
　日本IBMは、2017年3月、気象予報や気象データの提供を企業向けに開始すると発表しました[6]。
　日本IBMは、気象庁から気象予報業務許可を取得し、自社の気象予報士が24時間365日、リアルタイムにアジア・太平洋地域の気象予報を行う気象予報センターを本社内に開設しています。そして、気象予報や気象データを企業向けに提供するとともに、それらを活用したソリューションの提供を開始しました。
　具体的には、アジア・太平洋気象予報センターにおいて、気象予報士が海外の気象局や日本の気象庁、Deep Thunder などの数値予報モデルのデータ、レーダーやアメダスなどの実況資料をもとに分析、修正し、1時間ごとに（1～3時間先の短時間予報ではレーダー等の観測データを用いて15分間隔で）気象予報データを作成して、次のような形で企業向けに提供されます。

第2部　気象予報とICT

図表2-3　The Weather Company データ・パッケージの利用例

業種	利用例
小売業	天気予報から売行きの予測をより精緻に行うことにより、在庫や従業員の配置の最適化を図ることができる。
保険	保険契約者に前広に天候悪化予想を伝えることにより、保険金請求を抑制するとともに顧客満足度を高めることができる。
公共部門	正確な気象条件の予測データを入手することにより、市民の安全やインフラを守ることができ、また被災時の対応を的確に実施することができる。
交通機関	天気予報をもとに、発着のスケジュールの乱れを極小化するよう調整するほか、道路や空路では、最適なルートの選択が可能となる。
エネルギー部門	天気予報をもとに、配電計画を最適化することができる。
製造業	悪天候による機器類の被害を未然に防ぐことができる。

（出所）The Weather Company "The Weather Company Data Packages" 等をもとに筆者作成

　a．The Weather Company データ・パッケージ

　ユーザーは、現在の気象や将来の予報、季節的な気象状況や悪天候に関する気象データなど広範なデータを利用できます。クラウド経由で迅速、簡単に気象データのAPIにアクセス可能で、必要なデータを、通知、予報データ、画像等を含めたさまざまな形式で提供されます。

　ここで、「API」（Application Programming Interface）とは、企業が保有するプログラムのデータ等を、ユーザーに提供するための接続仕様です。こうしたAPIはインターネットを通じて行われることが多く、これをwebAPTといいます。

　業界別にみたThe Weather Company データ・パッケージの利用例は、図表2-3のとおりです。さらに、航空業界、電力業界、メディア業界といった個別の業界要件に応じたパッケージ・ソリューションも提供されています。

　各業界では、The Weather Company データ・パッケージから提供される気象の予測をビジネスに活用することができます。また、データに加えて、例えば気象予報データから予報を3D地図上で動画として可視化したり、表形式やグラフなどに簡単に加工したりできるツールなどがあらかじめパッケージされています。

　b．個別の顧客向けソリューション構築サービス

　個別の顧客の要件に応じて気象予報データの活用ソリューションの構築を支援するサービスです。IBMクラウドを活用したSaaS型アプリケーションを構築できます。

　ここで「SaaS」（Software as a Service、サースまたはサーズ）とは、ソフトウ

46

ェアを提供するサービスです。ユーザーは、SaaS の活用によってユーザーサイド
でソフトウェアをインストールする必要がなく、プロバイダー（ベンダー）サイド
でソフトウェアを稼働する形で利用することができます。このように、SaaS はユ
ーザーがネットワーク経由で、ユーザーが必要とするソフトウェアの機能を利用す
ることから、クラウドの１つの形態であるということができます。

c．The Weather Company データ・パッケージの種類

The Weather Company データ・パッケージには次のような種類があります。

ⅰ．Data Core

最も基本的な気象 API で、現在の気象と予報、レーダーや気象衛星から提供さ
れる現在と近い将来の予報に関する画像などのデータを提供。

ⅱ．Enhanced Current Conditions（より強力な観測データ）

ⅲ．Enhanced Forecast（より強力な予報データ）

最先端のアンサンブル・モデルによる予報、200人以上の気象学者や関連する分
野の科学者、ウエザーカンパニー社の観測ネットワーク、レーダや衛星のデータ同
化やモデリング機能を含んでいるウエザーカンパニー社の予報エンジンを使って、
より強力な予報データを提供。

ⅳ．Severe Weather（悪天候）

雷や雹、強風や竜巻等の悪天候に関する予報データ、リアルタイム観測データ、
積算降水量等の積算データなどを提供。

ⅴ．Lifestyle Indices（ライフスタイル指数）

気象関連の事象がエンド・ユーザーへのサービス向上に活用できるよう、さまざ
まなライフスタイル指数を提供。例えば健康関連指数として、大気の質をあらわす
指数や花粉指数、インフルエンザ流行指数、痛み指数、呼吸指数、乾燥肌指数等。

(2)ウェザーニューズ社

ウェザーニューズ社は、日本の民間気象情報会社で、気象予報業務の許可事業者
です。同社は、当初、海洋気象の専門会社として船舶の最も安全で経済的な航路を
推薦するビジネスを主体としていましたが、その後、気象サービスは、空、陸へと
広がり、現在、世界約50カ国のユーザーを対象とする総合気象情報会社までに成長
しています。

①ウェザーニューズ社が提供する気象情報

ウェザーニューズによる気象情報の提供は、次のように極めて多岐に亘っていま
す。

a．海上関係：航海気象、海上気象、石油気象、水産気象

b．上空関係：航空気象

c．地上関係：道路気象、鉄道気象、物流気象、輸送気象、流通気象、エネルギー気象、防災気象、イベント気象、施設気象、工場気象、通信気象、保険気象、空気気象、ダム気象、建設気象、河川気象

d．スポーツ関係：スポーツ祭典気象、モータースポーツ気象、登山気象、サッカー気象、スカイスポーツ気象、ボート気象

e．生活関係：モバイル・インターネット・放送気象、トラベル気象、栽培気象、植物気象、童理気象、減災、星空気象、写真気象、宇宙気象、健康気象、スマート生活気象

②観測インフラ

　ウェザーニューズ社では、気象庁から入手する気象データのほかに、気象観測用のレーダーや気温・湿度・日照・紫外線などを観測するセンサー、気象観測衛星、個人からの情報提供等、独自の観測インフラを保有しています。以下では、このうちから気象観測衛星と個人からの情報提供をみることとします。

a．気象観測衛星

　ウェザーニューズ社は、2017年7月に同社として2機目の衛星を打ち上げました。これは、2013年に北極海の海氷観測を目的に打ち上げた第1号機のリカバリー機で、世界中の海氷や台風・火山噴煙の光学観測のミッションを担っています。

　具体的には、第2号機は4つの観測波長の光学カメラを搭載して、この光学カメラを利用して、船舶の安全運航に影響を及ぼす冬季の渤海・セントローレンス湾や、夏季の北極海における海氷の分布の観測に取り組むとともに、台風の広がりや火山灰の拡散状況を撮影するのみならず、移動しながら撮影するステレオ撮影によって雲頂高度や噴煙の到達高度を割り出す立体観測を行います。

　ウェザーニューズ社では、これらの観測情報を気象・海象の予測精度向上および船舶・航空機向け運航支援サービスに活用しています。

b．個人からの情報提供の活用

　ウェザーニューズ社は、個人から気象情報の提供を受けて、これを活用しています。個人からの気象情報の提供状況をみると、1日平均13万人からのウエザーレポートが収集されています。このウエザーレポートへの参加者は、台風シーズンには25万人まで増加します。また、ゲリラ雷雨を捕捉することを目的に、ウェザーニューズの携帯サイトの会員からの情報収集を行っています。

　その方法をみると、ウェザーニュース携帯サイトの会員から情報提供者を募集します。なお、「ウェザーニュース」は、同社のインターネットの気象サイトや携帯電話向けサイト等の名称で、社名の「ウェザーニューズ」と区別されています。

会員がこれに応募すると「ゲリラ雷雨防衛隊員」として登録され、事前に登録した地点を重点的に「感測」（肌で感じた感覚も含めて観測）する役割を担います。なお、隊員になると方位磁石等がプレゼントされます。

　そして、ゲリラ雷雨の発生の可能性があると、ウェザーニューズ社から監視体制始動メールが届き、隊員は、現在の天気、雲のある方角、雲の成長具合、雷鳴の有無、そして肌で感じた感覚などを入力して写真と併せて送信します。

　ウェザーニューズ社では、こうした情報を解析することにより、観測機では捉えられない急速に発達するゲリラ雷雨発生の危険エリアを逸早く特定して、ゲリラ雷雨メールとしてユーザーに連絡するサービスを提供しています。

　ウェザーニューズ社では、2015年のシーズンでは12万人の隊員から455万通もの雲のリポートが寄せられ、全国平均でみて発生の50分前までにゲリラ雷雨の危険を通知することができた、としています。

　また、2016年には隊員がスマホのカメラで映した雲の危険度を自動判定する独自の画像解析技術をバージョンアップして予測の精度をあげ、発生の30分前までにゲリラ雷雨の危険を通知できる施策を講じています[7]。

③チャットボット

　ウェザーニューズ社は、2016年からスマホのアプリ Facebook メッセンジャーでチャットボットサービスを提供しています[8]。

　このチャットボットサービスは、ユーザーが知りたい天気を質問形式でメッセージにして送信すると、アンドロイド系のバーチャルお天気キャスター WEATHEROID Type A 「Airi」（ウェザーロイド・タイプエー・アイリ）が AI による自然言語処理機能を用いて即座に回答を返すサービスです。

　Airi の回答内容は、今日、明日、週間のピンポイント天気をはじめ、雨雲レーダー画像や全国のウェザーリポーターから届く空の写真などで、ユーザーが知りたいさまざまな天気のニーズに対応しています。

　具体的には、次のようなサービスを提供しています。

a．Airi のモーニングメッセージ：毎朝、その日の天気を知らせるメッセージが届きます。メッセージには、今日の天気のほか、ポイント解説が付いており、今日は雨が降るとか、熱中症に注意が必要である等、その日の天気のポイントを簡単に知ることができます。知りたい地点、受信時間は自由に設定でき、またいつでも変更することができます。

b．今日、明日、週間のピンポイント天気：全国の今日、明日、週間のピンポイント天気をはじめ、世界各都市の天気を知ることができます。

c．雨雲レーダー画像：ユーザーが登録した地点の雨雲レーダー画像が表示されま

第2部　気象予報とICT

す。

d．気象用語の解説：テレビで聞く気象用語や雲について解説します。

e．ウェザーリポーターから届く現時点の全国の空の写真：たとえば、沖縄の空の写真が見たい等、知りたい場所の地名や空などのキーワードでリクエストすると、沖縄にいるウェザーリポーターから届く最新の空の写真が表示されます。また、ウェザーニューズ社では、今後、ユーザーからの質問をもとに、Airi の回答の質を高めるほか、回答可能な範囲が拡張できるよう、継続的に自然言語処理機能をバージョンアップしていく予定である、としています。

(3)ハレックス

① HALEX

ハレックス（英語名 HALEX）は、NTT データ、日本気象協会、鉄道、通信、電力等を株主とする気象情報会社で、気象（風、雨等、大気の状態）、地象（地震や火山活動）、海象（波浪や海流等の現象）の3つの分野に関わる予報業務の認可を受けた予報業務許可事業者です[9]。なお、英語名 HALEX は、Happy Life Expert を略したものです。

気象情報には、気象庁からの気象情報をほぼそのまま提供して TV などで見ることのできる一般利用者向け予報と、気象庁から送られてくる気象情報を解析、加工して自治体の防災活動や事業者向けに提供する特定利用者向け予報がありますが、ハレックスでは特定利用者向け予報に注力して事業を行っています。

ハレックスは、全国に設置されたアメダスから分刻みで送られてくる観測データ、リアルタイムに送られてくる気象レーダーのデータ、スパコンから出力される数値予報といったオープンデータなどのビッグデータを気象庁から入手しています。

② HalexDream!

ハレックスでは、気象庁から送られるビッグデータと ICT を融合させて新たな付加価値を生み出すことを指向した気象システム「HalexDream!」を構築しています。

HalexDream!は、気象庁から発表される実況観測データ・数値予報データ等のあらゆるデータを取りまとめ、地域特性を反映して1kmメッシュデータへの面展開を行うほか、情報の鮮度を確保するための実況情報を活用した実測補正処理の実施や、扱いやすさを実現するためのハンドリングの容易性の確保等を特徴としています。

そして、同社に所属する気象予報士がこのシステムを活用して、気象情報を解析、加工したものや気象情報の活用ノウハウを API によりさまざまな分野のユーザー

に提供しています。これにより、ユーザーは業務に関連するさまざまなシステムに気象情報等を容易に取り込めることができます。

　ハレックスの主要な事業内容は、気象・地震・防災および生活関連情報の提供、その活用に関するコンサルテーション・教育、情報処理システムの開発、および販売ならびにコンサルテーション等です。たとえば、鉄道会社に対しては、沿線の降水量や降り方を予測して、気象庁による土壌雨量指数や、国土交通省による土の成分等の情報を活用して、土砂災害の危険度を6時間先まで表示します。同社では、これにより鉄道の速度規制や運行規制、保線業務の支援、土砂災害への防災対策等への対応が事前に可能となる、としています。

(4)POTEKA

① POTEKA プロジェクト

　POTEKA は、アメダス等の気象観測装置の開発・メーカーである明星電気が開発した小型気象計です。そして、2013年度から伊勢市教育委員会、四ツ葉学園、群馬大学等との産学官連携で POTEKA プロジェクトが発足しました[10]。なお、POTEKA の名称は、四ツ葉学園の女子中学生が、ポイント・天気・観測の頭文字を取って付けたものです。

　この POTEKA プロジェクトは、当初、POTEKA を伊勢崎市内14か所の小中学校に設置して、局所的な気象変化を捉えることにより地元の小中学校の熱中症対策等に役立つことを目的としていましたが、その後、県内55か所までに拡大して POTEKA を設置することによって、2〜4km間隔で県内の稠密気象観測を可能としました。

　POTEKA プロジェクトによる実験がスタートした直後に、POTEKA が威力を発揮する出来事が発生しました。群馬県は、周囲が山に囲まれていることから夏場は積乱雲が多発する地域として知られています。そして、2013年8月11日の夕刻、ダウンバースト（積乱雲から吹き降ろす下降気流が地表に衝突して水平に吹き出す激しい空気の流れ）が発生して、住宅の屋根が飛ぶ等の被害が出ました。気象庁は、群馬県に竜巻注意情報を発表しましたが、発表の時点には突風が吹き抜けた後でした。なお、気象庁では、竜巻発生確度ナウキャストや竜巻注意情報で激しい突風をイメージしやすい言葉として「竜巻」を使っていますが、ダウンバーストもこれに含まれます。

　一方、11日の突風現象の前触れとなる気温の急激な変化を POTEKA の観測網が正確に捉えていました。また、気温だけではなくこの時の気圧や降雨の変化も詳細に観測しており、POTEKA によって局地的に気圧が急上昇していることや、降雨

第2部　気象予報とICT

地域が突風と共に変化していく様子を確認することができました。

明星電気では、POTEKAの稠密気象観測により、局所豪雨、竜巻・突風などの異常気象対策のみならず、熱中症、リウマチ、喘息など気象と関係の深い病気に対する健康対策、学校行事・各種工事・農作業など屋外での作業計画、観光やレジャー、そして市民の日常生活においても役立てることができる、としています。

② POTEKAの機能

POTEKAは、小型・軽量で校庭の片隅やコンビニの屋上等に容易に設置することができ、またソーラー電池を搭載できることから電源のないところでも観測が可能です。

POTEKAでは、次のサービスが提供されます。

a．リアルタイム気象情報：

実測値による気温・湿度・気圧・風向・風速・日射・感雨・雨量の1分毎リアルタイム気象情報。ここで、「感雨」とは雨量計では検出できない細雨も検出して降雨時間を判断することをいいます

b．気象アラート速報サービス：

降水強度・大雨・連続雨量・強風・気象急変・熱中症の気象の悪化に対し、画面表示とメールによる速報。

c．気象予報サービス：

1時間後までの短時間降雨予測や36時間後までの天気予報（天気・気温・湿度・気圧・風向・風速・降水量）。

ユーザーは、こうしたサービスを無料で提供するスマホアプリ「MyPOTEKA」で閲覧することや、個別にアラートを設定することができます。

また、観測したデータは、表やグラフでの表示・印刷ができ、データのダウンロードやオプションでweb-APIでの連携も可能となっています。

第3部

気象リスクのヘッジ

第3部　気象リスクのヘッジ

第1章
気象リスクの産業界への影響と気象データの活用

1　気象リスクと産業界

(1)気象リスクの産業界への影響

　企業がビジネスを展開していくプロセスで、多種多様なリスクに直面することになりますが、そうしたリスクの1つに気象リスクがあります。気象リスクには、さまざまな種類があり、各業種に属する企業がそのビジネスの内容に対応する気象リスクを背負っています。

　こうした気象リスクは、企業収益にとってマイナスに働くケースだけではなく、プラスに働くこともあります。たとえば、猛暑日続きとなると、屋外型のテーマパークは来場者数の減少となって直接の打撃を被ることになりますが、逆に、プールの運営者やビール、清涼飲料水を製造、販売する業者は、来場者数の増加や売上高の増加という形で恩恵を受けることになります。

　保険監督者国際機構（IAIS）の推測によると、気象状況は、世界の80％のビジネス活動に直接、間接に影響を与えている、としています[1]。

　気象状況がビジネスに大きな影響を与える業種は、電力、ガス等のエネルギー、農業、航空、海運、鉄道、道路、旅行、レクリェーション業、建設業といったアウトドアビジネスや、ソフトドリンク、ビール、エアコンなどの製造・販売業者が含まれます。

　たとえば、電力、ガス等のエネルギー関係業界では、気温の影響を大きく受けます。特に冷夏ではエアコンに使用される電力の需要減、暖冬では家庭用の台所、風呂に使用されるガスの需要減が顕著に現れます。

　また、気温は飲料メーカー・販売業者に影響を及ぼします。特に夏季の温度がお茶や水、炭酸飲料、ビール等の売り上げにきわめて大きな影響を及ぼすという実情にあります。そして、これにつれてペットボトルのメーカー・販売業者も影響を受けることになります。

　一方、おでん等の食品のメーカーや販売業者は、冬季の気温によって売り上げが

第1章　気象リスクの産業界への影響と気象データの活用

図表1-1　気象状況が産業界に与える影響の具体例

気象状況	産業界への影響
暖冬	ガス、電力、灯油の需要減少
冷夏	電力需要の減少、エアコン、飲料等の売り上げ減少
猛暑	ガスの需要減少（給湯の需要減）
弱風	風力発電量の減少
降雨・気温	外食産業、百貨店、農業
降雨・積雪	建設
降雨・気温・積雪	観光、レジャー、屋外型テーマパーク

（出所）筆者作成

大きく左右されます。さらに、電器関係では、エアコンの売り上げが6、7月の気温によって大きく左右されます。

　屋外型レジャー施設は、その大半で降雨、降雪日の客数が大きく落ち込む状況にあります。一方、スキー場やスキー関係の器具のメーカーや販売業者は、小雪で売り上げ減を被ります。

　霜の発生も気象リスクの要因の1つです。過去、ブラジルでは遅霜の発生によりコーヒー作物が大被害を受けるケースが数多くみられています。一方、フロリダでは霜の発生によりオレンジの生産が打撃を受けたケースもあります。

　また、多くの種類の気象リスクがビジネスに影響を与える例もあります。その典型例がワインです。ワインの出来不出来は、日照、湿度、気温、降雨等により大きく左右されます。

　さらに、百貨店は、降雨、降雪、気温等、幅広い気象事象が来店数に影響を与えます。また、たとえば気温により衣料の売行きが左右される、というように売り上げ品目の中には気象事象により売上高が影響を受けるものがあります。特に、暖冬でオーバーやセーター等の重衣料の売り上げ減、冷夏でTシャツやジーンズ等の軽衣料の売り上げ減を被るリスクがあります。

　また、建設の現場では、天候状況が工事の進捗スケジュールに影響を及ぼすリスクがあります。

　以上のような具体例を整理すると、図表1-1のようになります。

(2)気象庁の調査

　気象庁は、豊富な気象データを民間に提供していますが、気象庁では、こうしたデータが産業界にいかに活用されているかを各業界からヒアリングすることにより、

55

データの提供内容に関してさらなる改善を指向しています。

以下では、こうしたヒアリングの過程で各業界が行ったコメントから、具体的にどのような気象リスクを抱えながらビジネスが展開されているかをみることにします[2]。

①飲料メーカー業界のコメント：

飲料の中でも、お茶系統の売行きが気温に影響されます。そのなかでも最も気温に敏感なのが大型ペットボトルの麦茶であり、一方、コーヒー、野菜果汁は気温の影響はそれほどありません。

特に、6～9月の気温動向がどうなるかが飲料メーカーにとって重要で、最高気温29℃で消費者の感応度が変わり、29～33℃程度までお茶系統の売り上げは伸びますが、それ以降は未分析となっています。

気温データについては、商品構成や外部環境が異なることから、過去3年分位までが有効で、それより古いデータは売行きの予想に使用されていません。

②屋外型レジャー施設業界のコメント：

降雨や降雪が客数に影響しますが、特に、午前中が降雨の場合には、客数が大きく減少します。客数の減少は、施設が運営する小売、外食、イベント等にも大きな被害を及ぼします。

また、天気の実績のほかに、天気予報自体の影響も大きく、午前中に雨になるとの予報がでると客足が遠のく現象が顕著にみられます。

③花卉関連の業者協会のコメント：

降雨や強風は、花屋への来店客数を左右します。特に、切花は、切って2～3日が勝負であり、生産者にとって出荷1～2日前の気温や降水が重要な要素となります。

また、年初からの累積気温が500℃で「心で感じる春」となり、その頃から切り花が売れ始めます。そして、累積気温が1,000℃を超えると「身体で感じる春」となり、ガーデニング商品が売れ始めます。これに対して、日々の平均気温が27℃を超えるとガーデニング商品は売れなくなります。

④流通小売（衣料品）業界のコメント：

天候の影響を受ける衣料品は、夏はショートパンツ、Tシャツ、冬はセーターおよびアウター関連であり、冷夏と暖冬がリスクファクターとなります。

また、梅雨明けでショートパンツが売れ始めることから、気象庁による梅雨明け宣言の効果は大きなものがあります。

一方、冬物は、5℃くらいの低温が数日（3～4日）続くと売れ始める傾向がみられます。

第1章　気象リスクの産業界への影響と気象データの活用

⑤青果卸売業界のコメント：

　果物の品質には日照時間、生育速度には積算温度が大きな影響を与えます。また、積雪・海上気象等の天候が産地からの輸送に影響します。

　量販店では、雨、風、雪で売り上げがダウンすることから、青果卸売業への発注量も影響を被ることとなります。たとえば、気温が高いと生物（なまもの）、低いと煮物の出荷が増加します。

　また、夕方の温度が17～18℃になるとおでんで日本酒、20℃を超えるとサラダでビール、22～23℃でメロン、25℃を超えるとすいかの売り上げが増える傾向にあります。

⑥エアコンメーカー業界のコメント：

　売り上げは、6，7月の気温の影響を大きく受けます。

　特に、水木金と真夏日が続いて土曜日が晴れるとエアコンの売り上げが10倍くらい伸び、逆に、冷夏では10～15％程度落ちる結果となります。

　また、気象庁から梅雨明けした、との情報が発表されると、売り上げが急激に伸びる傾向にあります。

2　産業界による気象データの活用例

　以下では、気象庁が提供する気象データを産業界が活用するケースを、農業と衣料品についてみます。

(1)農業と気象リスク

　天候状況がビジネスに大きな影響を及ぼす典型が農産物です。

　気象庁は、農業・食品産業技術総合研究機構（農研機構）の5つの農業研究センターと共同研究を実施しました。共同研究は、2週間先から1か月先の気象情報を利用して農作物生育情報の高度化を図り、農研機構が構築を目指している全国版早期警戒・栽培管理システムに反映させること等の目的で行われています。

　たとえば、この共同研究では、日本の水稲生産の約3割を占める米どころである東北地方の水稲の低温障害・高温障害の被害軽減に活用できる情報作成に向けた取り組みを実施しています。

　東北地方の夏は低温となる年がある一方、このところ顕著な高温となる年が頻発する等、気温の年々の変動が大きく、水稲もたびたびその影響を受けてきました。

　水稲は、その生育ステージに応じて気温による影響を受けます。こうしたことから、東北農業研究センター・岩手県立大は、将来の気温を予測し、適切な対策の実

57

施を支援するため、1週間先までの気温の予測等を用いた水稲栽培管理警戒情報を作成して、これをウェブサイトを通じて利用者に提供しています。

この共同研究では、農業分野における気候リスクへの対応に活用できる情報を作成することを目的に、異常天候早期警戒情報の確率予測資料を用いた情報の開発や情報の試験的な提供を実施してその有効性を検証しています。

また、空間的にきめ細かく、かつ定量的な気温の予測情報を作成するために、東北農研が作成した東北地方の1kmメッシュ平年値と気象庁が作成している2週目までの気温の予測値を用いて1kmメッシュの気温予測値を作成して、ウェブサイトで利用者が必要とするメッシュの詳細な予測情報をみることができるようにしています。

(2)アパレル・ファッションと天候リスク

気象庁では、日本アパレル・ファッション産業協会の協力のもとに、気候の影響を受けやすいアパレル・ファッション分野における調査を行っています。

この調査で、コート・ニット帽・サンダル・肌着等の商品で、販売数が大きく伸びる気温があること、週程度の気温の上下動に応じて販売数が変動すること、残暑の影響が秋物衣料の販売に大きな影響を与えていること等が確認されました[3]。

また、これらの分析結果に基づいた2週間程度先の気温予測を利用した対策について、過去数年間の実際の予測事例を用いた検討も行われています。

その結果、ロングブーツは平均気温20℃付近で売り上げが伸び始める関係がみられることから、2週間先に20℃を下回る可能性が高いことが予想された場合には、ブーツの供給や店舗展開を積極的に実施するとか、色やサイズなどの欠品を極力回避するために在庫補充を行う等、店頭での販売促進を中心とした実施可能な対応策が示された、としています。

第2章

天候デリバティブと保険

1　天候リスクマネジメント

(1)天災か人災か？

　天候リスクがさまざまな形で企業収益にマイナスの影響を与える場合には、企業が天候リスクをいかに管理するかの「天候リスクマネジメント」が、経営上、極めて重要な課題となります。

　かつては、天候リスクマネジメントは、例えばメディアが提供する天気予報をみて商品や食材等の仕入れ量を調節する、というように単純なものに限られていました。そして、企業が想定しなかったような天候リスクが顕現化しても、それは文字通りの天災で止むを得ないものであり、マネジメントの責任ではないとする「商売はお天道様次第」の考え方をとることが一般的でした。

　しかし、金融技術の進展によって天候デリバティブや災害保険が天候リスク回避の手段として提供される状況にあっては、天候不順は天災で収益の悪化は仕方がない、ということで必ずしも片づけられる問題ではなく、天候リスクマネジメントが適正に行われなかったとしてむしろ人災である、と批判される恐れがあります。

　すなわち、現在では、天候デリバティブ商品を中心として、天候リスクを第三者にシフトすることによって、その対応を効率的に実施する策が企業のマネジメントに幅広く提供されています。したがって、天候リスクに対応するために、いかにその企業にフィットしたヘッジツールを活用するかが経営戦略の重要な要素であり、経営手腕の1つであるといっても過言ではありません。

　また、企業価値にかかわりを持つさまざまなステークホルダーやアナリストが企業を評価する際にも、企業が天候リスクをいかに適切に管理しているかを重要な要素として織り込む動きがみられています。

(2)リスクの「保有」か「軽減」か「移転」か？

　リスクマネジメントには、いくつかの手法があります。

第3部　気象リスクのヘッジ

その1つは、リスクを認識していながら、それを敢えて回避することはせずにそのまま「保有」する手法です。天候リスクにより企業が被る損害がさして大きなものではなく、むしろ天候リスクを回避するコストのほうが大きくなるような場合にはこの手法を選択します。

また、天候リスクを認識して、それを「軽減」するために当該企業のなかで対応策を打つ手法があります。たとえば、行楽シーズンの週末の天候が崩れそうであれば、弁当の製造個数を減らすといったケースがこれにあたります。

そして、天候リスクを「移転」する手法があります。たとえば、スキー場が小雪の場合の来客数減のリスクをヘッジするために降雪量を対象とする天候デリバティブを保険会社と契約することがこの典型例となります。

2　オプションの概念

デリバティブには、先物、オプション、スワップがあります。天候デリバティブでは、このなかで主としてオプションが活用されています。そこで、天候デリバティブに立ち入る前に、オプションの基本概念をみておきましょう。

先物取引は、対象物の一定量を、将来の一定の日に、あらかじめ定めた価格で、売買することを現時点で約束する取引です。このように、先物取引では、将来、対象物の価格がどのようになろうとも、先物の買い手も売り手も現時点であらかじめ定めておいた価格（先物価格）で対象物を売買する義務を負います。

これに対して、オプションは、対象物の一定量を、将来、あらかじめ定めた価格で、売買することが出来る「権利」です。そして、オプション取引は、この権利の売買取引となります。

オプション取引には対象物を買う権利である「コールオプション」（コール）と、売る権利である「プットオプション」（プット）があります（図表2-1）。

オプションはあくまでも権利ですから、オプションの買い手は利益が出るときにだけ権利行使をすればよく、そうでないときには権利放棄をすることになります。一方、オプションの売り手は、買い手から権利行使があった場合にはこれに応じる義務がありますが、買い手が権利放棄をした場合には義務を負うことはありません。

オプションの買い手が権利行使するか権利放棄をするかは、オプション取引のときにあらかじめ決めておいた価格（権利行使価格）の水準とマーケットで取引されている対象物の時価の水準との比較で決まります。

オプションの買い手は売り手に対して権利の購入代金を支払う必要があります。これは、オプションという権利自体の価格であり「オプション価格」とか「オプシ

図表2-1　コールオプションとプットオプションの損益図

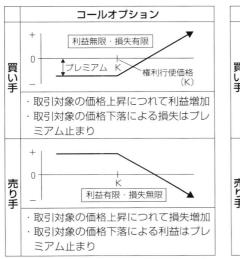
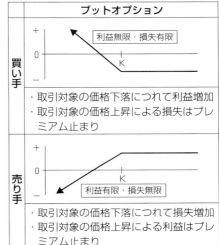

(出所) 筆者作成

ョン料」、「プレミアム」といいます。

　ところで、先物は、先行きの時価がどうなろうとも先物の買い手も売り手も売買取引を実行する義務を負います。これに対して、オプションの買い手は、価格が上がったとき（コール）または、下がったとき（プット）だけ権利行使をすることになります。これは、オプションの買い手が保険料を払って対象物の価格の下落（コール）、または上昇（プット）をヘッジしていることと同じ効果を持ちます。このようにオプションは保険機能を持っており、したがって、保険契約で保険料をプレミアムというように、オプション価格もプレミアムと呼ばれることが少なくありません。

3　天候デリバティブとは？

　天候デリバティブは、あらかじめ決めておいた気象データの水準と、実際の気象データの水準との差異をもとにして受け払いが決まる取引です。

　これにより、天候リスクを回避（ヘッジ）する目的で取引する主体は、異常気象、天候不順に代表される天候のさまざまな事象で企業が被る売上高の減少や費用の増加といった損失リスクを回避することが可能となります。

　天候デリバティブの対象となる天候リスクは、気温、降雨、降雪、雹（ひょう）、

第3部　気象リスクのヘッジ

日照、風速等、さまざまな事象がありますが、単一の事象ではなくいくつかの事象を組み合わせてそれを対象とする天候デリバティブも取引されています。たとえば、降雨と風速を組み合わせた台風デリバティブがこのカテゴリーの天候デリバティブに属します。

　また、天候デリバティブの対象は、たとえば気温が何度以上というように天候の事象の原計数を使う場合と、一定の方式に従って加工した指数を使用する場合があります。

　天候デリバティブは、地震、津波、ハリケーン、竜巻、噴火といった大損害・少頻度の特性を持つカタストロフィ・イベントを対象とするというよりも、少損害・多頻度の特性で、たとえば灯油会社が暖冬をヘッジするというように、より発生確率が高い天候イベントを対象とすることを特徴とします。

　天候デリバティブは、取引所に上場された商品を取引することもあれば、2当事者間で取引されるOTC取引（店頭取引）の形態もあります。なお、天候デリバティブの決済は、天候と現金をやり取りする現物決済といったことは考えられず、現金決済となります。

4　天候デリバティブと保険との違い

　気温、降水量、積雪量等の天候リスクを対象とするヘッジツールに、企業が被る損失を補償する損害保険があります。

　また、個人を対象とする火災保険にもさまざまな異常気象を補償する保険を付加するプランが用意されており、水災、雹災、落雷、風災、雪災、水ぬれ被害等の補償を得ることが可能です。

　なお、主要損害保険会社では、このところの異常気象による建物被害の増加をみて、長期での損害保険金の支払い予測が困難になったことから、2015年秋から長期火災保険は10年まで（従来は36年まで）としてそれ以上の長期の新規契約引受けを停止しています。したがって、それに伴って異常気象を補償する保険も長期では掛けられないことになりました。

　以下では、天候デリバティブと損害保険と対比して、各々の特徴をみることにします。

(1)支払い額の決定方法

　損害保険は、実損填補を基本とします。ここで「実損填補」とは、保険契約で定められた保険金額を上限として、実際に発生した損害額を保険金として支払うもの

であり、損害保険の基本原則です。なお、実損填補を原則としつつその変形として
比例填補があります。「比例填補」は、実際に発生した損害額の全額ではなく、保
険契約で決められた実損の一定割合の金額を保険金として支払うものです。

　これに対して、天候デリバティブの資金の受払いは、損害額の多寡、さらには実
際に損害が発生したかどうかには関係なく、気象事象の定量的な数値に基づいて自
動的に支払いの発生とその金額が決定されます。たとえば、気温を対象とする天候
デリバティブでは、一定の気温を超えた場合に、一定の金額が受払されるといった
内容となります。

　したがって、天候デリバティブは、気象事象により被った損失額（実損）とデリ
バティブ取引による受取額が必ずしも見合わないリスクが存在し、これを「ベーシ
スリスク」（basis risk）といいます。

　たとえば、清涼飲料メーカーが冷夏の場合の売行き不調をヘッジするために気温
デリバティブ取引を行ったところ、気温の方は予想通り冷夏となったものの、売行
きの落ち込みが想定以上となった場合には、気温デリバティブ取引による受取額で
は実損額を十分カバーできないこととなります。逆も然りで、冷夏であっても売上
好調の場合には気温デリバティブ取引で利益が出ることになります。

　また、降雨リスクをヘッジしようと取引しても実際に降雨をヘッジする場所に気
象観測機器が設置されておらず、天候デリバティブで取り決める降雨の観測地点は
最寄り気象観測機器設置場所とした場合には、実際の降雨をヘッジする場所で集中
豪雨となっても観測機器設置場所ではそうではなく、この結果、実際に損失が発生
してもデリバティブ取引による受払いが発生しないケースもあり得ます。

　こうしたベーシスリスクは、テイラーメードではなく標準化された天候デリバテ
ィブの取引で特に発生する恐れがあります。

(2) 損害額の査定の有無

　損害保険は実損填補を原則とすることから、損害保険会社による損害の原因とな
る天候リスクの発生と実際の損害との間の因果関係の有無の認定と、因果関係が確
認されたら実際の損害額の査定が必要となります。

　これに対して、天候デリバティブの支払額は、気象状況次第で自動的に決定され
ることから、天候デリバティブの支払いサイドに査定の余地はなく、天候と損害発
生との因果関係の調査や損害額の査定の手続きを要することなく決済が行われます。

(3) 資金の受払いのタイミング

　天候と損害発生との因果関係の調査や損害額の査定の有無は、資金の受払いのタ

イミングに影響します。

すなわち、損害保険では因果関係の確認や査定作業に自ずから時間がかかることになり、つれて資金の受払に時間を要しますが、そうした手続きを必要としない天候デリバティブでは資金の受払いが迅速に行われることとなります。

特に、気象リスクにより被害を受けた企業は、当座の運転資金のニーズが発生するケースが少なくなく、資金支払いが迅速であるデリバティブの特性は、企業にとって大きなメリットとなります。

(4)ヘッジ取引と投機取引

損害保険の締結には、損害が発生する可能性のある保険対象が存在することが前提条件となります。これは、損害保険が実損填補を原則とすることから来る当然の帰結です。

一方、天候デリバティブは、契約当事者は必ずしも対象となる天候リスクに関わりを持っている必要はなく、したがってリスクヘッジの主体（ヘッジャー）が天候リスクの発生により損失を被ったことを証明する必要もありません。

このことは、天候デリバティブはリスクヘッジに使われるだけではなく、投機（スペキュレーション）の対象にもなり得ることを意味します。ちなみに、シカゴ商業取引所（シカゴマーカンタイル取引所、CME）上場の気温デリバティブは、多くの投機家（スペキュレーター）が市場参加者として取引を行っています。

もっとも、後述のとおり日本の天候デリバティブは保険会社が提供することが多く、顧客の取引目的を、天候リスクをヘッジすることに限定していて投機目的の取引はできないとするケースが一般的です。

(5)標準化とテイラーメード

気象リスクを対象とする損害保険は、一般的に、気象リスク保険自体として定型化されて提供されていることは少なく、企業に対する総合保険や、個人に対する火災保険に組み込まれています。特に、企業を被保険者とする損害保険では、基本的なタイプは決められているものの、企業のニーズに応じてテイラーメードにして提供されることが少なくありません。

一方、天候デリバティブは、シカゴ商業取引所上場の気温デリバティブにみられるように取引所上場商品は標準化されていますが、OTC（店頭）取引の天候デリバティブは、取引当事者のニーズを汲み取ったテイラーメードとなります。

日本の天候デリバティブは、現状、取引所上場の商品は存在せず、すべてOTCで取引されていることから、どのようなスペック（仕様）にするかは、当事者間で

交渉してオーダーメードの内容にすることが可能です。しかし、小口の天候デリバティブは、個々のケースごとにスペックを決定することは効率的ではなく、そうした場合には顧客のニーズを最大公約数的に汲み取ったスペックとして標準化した形で提供されています。

(6)ヘッジャーとリスクテイカー

損害保険は、顧客がリスクヘッジャーとなり、保険会社がリスクテイカーとなります。すなわち、天候リスクをヘッジする顧客の相手（カウンターパーティ）は保険会社であり、保険会社は顧客の持つリスクを引き受けるリスクテイカーになります。

一方、天候デリバティブは、例えば、冷夏により損失を被る企業がヘッジャーとなり、そのカウンターパーティに猛暑により損失を被る企業がヘッジャーとなるといったケースや、寒波により損失を被る企業がヘッジャーとなり、そのカウンターパーティに暖冬により損失を被る企業がヘッジャーとなるように、ヘッジャー同士で天候デリバティブ取引が成立する可能性があります。

このように、取引当事者の双方がリスクヘッジャーとなり、各々が自己のリスクをヘッジする典型的なケースに、後述する東京電力と東京ガスとの間で行われた気温デリバティブ取引があります。

5　天候デリバティブの対象となる天候リスクの定量化

天候リスクには、気温、降雨、降雪、雹、日照、風量等がありますが、そうした天候リスクを天候デリバティブの対象にするために、以下のようにさまざまな定量化の手法が活用されています。

(1)数値を平均する方法

まず、ある数値の水準を基準値として定めます。そして、一定の期間、毎日数値を取りそれを平均して、その数値があらかじめ定めておいた基準値を超えたか、または下回ったかをみる方法です。

この方法は、気温や湿度を対象とした時によく用いられます。たとえば、電力会社が夏季の気温の平均が一定の基準値を下回ったときに支払いを受けることにより、冷夏によるエアコン使用の減少に伴う電力販売減のリスクをヘッジする、といったケースがこれに該当します。

また、エアコン販売店が販売促進のために夏季の気温の平均が一定の基準値を下

第3部　気象リスクのヘッジ

回ったときにエアコン購入者に１万円をキャッシュバックする冷夏保証キャンペーンを行ったケースで、そのヘッジのために実際に冷夏となった場合に金融機関から支払いを受けることを内容とする気温デリバティブを活用した事例がみられます。

　なお、一定の期間の数値の実績を取るのではなく、特定の１日だけの降雨や気温等を対象とした取引もみられます。たとえば、単一の日にイベントが予定されている場合の興業収入減をヘッジする目的で行われる降雨を対象とするデリバティブ取引のケースがこれに該当します。

(2)数値を合計する方法

　まず、ある数値の水準を基準値として定めます。そして、一定の期間、毎日数値を取りそれを累計して、その数値があらかじめ定めておいた基準値を超えたか、または下回ったかをみる方法です。

　この方法は、降雨量、降雪量、日照時間等を対象とした時によく用いられます。たとえば、スキー会社があらかじめ特定した場所において冬季の一定期間において毎日観測した降雪量の累計があらかじめ決めておいた基準値を下回った場合に支払いを受けることにより、小雪による来客数の減少に伴う営業収入減のリスクをヘッジする、といったケースがこれに該当します。

(3)日数を計算する方法

　まず、１日間で記録される数値の基準値と、ある期間における日数を基準日数として定めます。そして、一定の期間、１日の数値があらかじめ定めておいた基準値を超えた、または下回った日数を累計して、その日数があらかじめ定めておいた基準日数を超えたか、または下回ったかをみる方法です。

　この方法も、降雨量、降雪量、日照時間等を対象とした時によく用いられます。たとえば、アウトドアー型のレジャーランドにおいて行楽のピークシーズンの２ヶ月間、１日の降雨量があらかじめ定めておいた水準を超えた日数を累計します。そして、その日数があらかじめ定めておいた基準日数を超えた場合に、その日数に応じ、レジャーランドが支払いを受けることにより、降雨による来客数の減少に伴う営業収入減のリスクをヘッジする、といったケースがこれに該当します。

　なお、損害保険ジャパンは、この方法による天候デリバティブについて次のような例をあげています[1]。対象となる気象は大雨と強風で、観測期間中に１時間当たりの降水量の最大値が50 mm 以上になる日の合計日数、または最大風速が15 m /s 以上となる日の合計日数が１日を上回ると、上回った日数１日について63万円の支払いがある、という内容です（図表２-２参照）。仮に観測結果が、最大風速15 m /

第2章　天候デリバティブと保険

図表2-2　降水量と風速を対象とした日数ベースの天候デリバティブの例

契約者（業種）	野菜卸
観測期間（対象期間）	20××年8月15日～20××年9月30日の全日
観測地点	××気象台
インデックス	1時間あたり降水量の最大値が50mm以上となる日の合計日数 または最大風速が15m/s以上となる日の合計日数
免責日数	1日
オプション（掛金）	30万円
お支払額	上記対象日数が免責日数を上回る場合、1日につき63万円
最大お支払額	630万円（最大10日補償）

（出所）損害保険ジャパン「6次産業化のリスク対応の取組紹介、地域金融機関と連携した6次産業化へのリスク対応、農業法人様向けリスク対応商品について」産業連携ネットワーク交流会資料、2014.2.27

s以上となる日数の合計が3日となった場合には、（3日－1日）＝2日×63万円＝126万円が契約者に支払われることになり、契約者のネット受取りは、126万円－オプション料30万円＝96万円となります。

(4)同一の天候リスクの複数の数値を対象とする方法

　まず、ある数値の水準を基準値として定めます。そして、天候デリバティブの対象となる天候リスクの数値を採取する複数の場所を選択して、その複数の場所における数値の加重平均値等が、あらかじめ定めておいた基準値を超えた、または下回ったかをみる方法です。

　この方法は、1つの企業の営業拠点が複数に亘っており、営業拠点ごとに天候リスクが表面化する度合いが異なる可能性がある場合に活用されます。たとえば、清涼飲料の製造、販売業者のように販売拠点が多くの地域に亘っている場合には、複数の地点の気温を各地域の売上高で加重平均した値を取って、これを基準値と比較して支払いを受ける、といった天候デリバティブがこれに該当します。具体的には、夏の飲料水の売行きについて、東京、大阪、名古屋等の大都市の気温の各平均を算出して、それを当該地域の清涼飲料水の売上高により加重平均した値が基準値を下回ったときにその幅によって受取額が決まる、といった事例がみられます。

(5)複数の異種類の天候リスクの数値を対象とする方法

　まず、複数の天候リスクを選択します。そして、異なる種類の天候リスクの数値を指数化して、一定の期間の実績がその指数を超えたか、または下回ったかをみる

第3部　気象リスクのヘッジ

方法です。

　たとえば、農業関係のユーザーのニーズを汲み取った気温、日照時間、湿度の3つの気象要素を組み合わせた指数を対象とする天候デリバティブがこれに該当します。

6　米国の天候デリバティブ

　米国商務省によれば、天候リスクは、電力、天然ガス等のエネルギー業、農業、航空、旅行、レクリェーション業、建設業、ソフトドリンク、ビール、エアコンなどの製造・販売業者等、広範に亘るビジネスに大きな影響を及ぼしている、としています[2]。こうしたさまざまなビジネスの中でも、とりわけ電力、天然ガスといったエネルギー商品の需要は、気温リスクの影響を直接に受けることとなります。

　実際にも、米国の天候デリバティブは、こうしたエネルギー業界のニーズを汲み取る形で発展を遂げました。

(1) 世界初の天候デリバティブ

　1997年、エネルギー総合会社のエンロン社（Enron）とコーク社（Koch）との間で、天候デリバティブ第1号というべき取引が行われました。この天候デリバティブは、エンロン社が開発・提供して、それにコーク社が応じて取引成立となったものです。

　具体的には、ミルウオーキーとウイスコンシンの温度を指数として冬季の気温があらかじめ定めた気温から1度下回ればエンロン社がコーク社に対して1万ドルを支払い、逆に1ドル上回ればコーク社がエンロン社に1万ドルを支払うことを内容とする気温リスクを対象としたデリバティブ取引でした。

　このエンロン社とコーク社との間で天候デリバティブが取引された直後、米国は、エルニーニョ現象から記録的な暖冬に見舞われました。この結果、多くの企業が甚大な打撃を被り、これを契機に天候デリバティブの取引が急速に普及、増加することとなりました。

　また、エンロン社は、降雪量を対象とする天候デリバティブを開発して、ボンバルディア社との間で取引を行っています。ボンバルディア社（Bombardier Inc.）は、1936年にスノーモービルの製造、販売を始め、その後、鉄道、航空機等の製造に発展した、カナダのモントリオールを本拠地とする重工業中心のコングロマリット企業です。

　そのボンバルディア社は、1999年、スノーモービルの買い手に、降雪量が過去3

68

年間の平均の半分に達しない場合には1千ドルのリベートを支払うインセンティブ付きの拡販策を講じました。そして、降雪量が少なくリベート支払が現実化した場合のリスクをヘッジするために、エンロン社との間で累積積雪量が19.4インチ（49.2cm）を下回った場合には、販売したスノーモービル1台あたりにつき1千ドルをエンロン社がボンバルディア社に支払う内容の天候デリバティブを締結しました。

エンロン社は、首脳陣が行った不正会計処理が原因で2001年に破綻しましたが、エンロン社が開発した天候デリバティブは、OTCのみならず取引所上場の天候デリバティブ取引の活発化という形で発展することとなりました。

(2) 米国における天候デリバティブ取引発達の背景

米国で天候デリバティブ取引が発達した基本的な背景には、1990年代央のレーガン政権下の規制緩和政策の推進によるエネルギー産業の自由化といった要因があります。

すなわち、それまで電力、ガス会社が抱える天候リスクは、規制の傘に守られた独占的な事業環境で吸収されてきました。しかし、エネルギー産業の規制緩和・自由化による発電事業と送電事業の分離等によって電力の独占体制は大きく変革することとなりました。また、家庭用、商業用のエネルギーを生産、販売する企業が新規参入して、卸売マーケットで激しい競争が展開されました。こうしたエネルギー業界を巡る大きな環境変化によって、天候リスクはエネルギー産業に従事するさまざまな企業の収益に直接、影響を与えることとなりました。

そして、「リスクが存在するところにデリバティブのニーズあり」との大原則がエネルギー産業にも貫徹することとなり、この結果、エネルギー産業に属する各企業は、リスクヘッジの手段として天候デリバティブ取引を活発に行うといった展開となりました。

(3) 天候デリバティブのOTC取引から取引所取引への展開

現在、さまざまな資産等を対象としたデリバティブ取引が行われていますが、その大半が当初は相対（あいたい、バイラテラル）の形のOTC（店頭）取引で行われ、その後、取引が活発化するにつれて、取引所取引が行われるようになる、とのプロセスを経ています。米国の天候デリバティブもまさにそうした発展過程を辿ることとなりました。

すなわち、米国における天候デリバティブは、当初は天候リスクのヘッジャーとなる企業とリスクテイカーとなる損害保険会社や銀行等の金融機関との間で相対取引の形で行われていました。

69

第3部　気象リスクのヘッジ

しかし、1997年のエルニーニョによる暖冬を契機として気温デリバティブの取引高が急増して、損害保険会社や銀行等の金融機関が抱える気温リスクの規模は膨大なものとなりました。

この結果、リスクテイカーの金融機関は、リスクの移転により自己が抱えるリスクを軽減するニーズを持つことになりますが、そのためには、金融機関が抱えるリスクを進んで引受けて、それによりリターンの獲得を狙う投機家が参加する取引所市場が必要です。

そして、シカゴ商業取引所（シカゴマーカンタイル取引所、CME）は、こうしたニーズを汲み取る形で天候デリバティブを上場しました。

(4)HDD、CDD

① HDD、CDD とは？

米国の天候デリバティブ取引では、OTC 取引、取引所取引ともに、HDD と CDD が重要な指標として使われています。

米国の電力業界やガス業界は、先行きの気温が華氏65度（摂氏18.3度）からどれだけ乖離するかを冷暖房の需要予測の指標としています。すなわち、華氏65度を大きく下回ると暖房のための電力需要が増加し、逆に華氏65度を大きく上回ると冷房のための電力需要が増加するとみる、といった具合です。これは、昔、オフィスビルの空調機器の技術士が、外気が華氏65度以下になるとオフィスビルの暖房がオンになることが多い事実に気が付いたことに由来するといわれています。

そして、HDD と CDD は、毎日の平均気温（最高気温と最低気温を合計して2で割る）が華氏65度からどれだけ乖離しているかの幅を表わした気温指数です。

HDD（Heating Degree Day）＝寒さの度合い＝暖房需要の指標
・たとえば、冬季のある日の最高気温が華氏50度、最低気温が30度の場合、平均気温は40度。HDD 指数は65－40＝25
・平均気温が低くなればなるほど HDD は大きくなり、暖房需要が大きいと予想します。
・仮に、この差引きの結果がマイナスの場合には HDD はゼロとします。
CDD（Cooling Degree Day）＝暑さの度合い＝冷房需要の指標
・たとえば、夏季のある日の最高気温が華氏80度、最低気温が70度の場合、平均気温は75度。CDD 指数は75－65＝10
・平均気温が高くなればなるほど CDD は大きくなり、冷房需要が大きいと予想します。
・仮に、この差引きの結果がマイナスの場合には CDD はゼロとします。

これを算式にすると、次のようになります。

デイリー HDD = MAX（0、65 − 1 日の平均気温）
デイリー CDD = MAX（0、1 日の平均気温 − 65）
なお、1 日の平均気温 =（1 日の最高気温 + 最低気温）÷ 2

　デイリー HDD、デイリー CDD を一定期間に亘って累計した数値は、次の式により算出します。

期間 HDD = Σデイリー HDD
期間 CDD = Σデイリー CDD

　気温デリバティブの受払は、1 日当たりの HDD、CDD を一定期間、累計した期間 HDD、期間 CDD を各々 HDD 指数、CDD 指数の実績とします。

　そして、これと事前に決めておいた基準値の HDD 指数、CDD 指数とを比較して、その差に、想定元本に相当する HDD、CDD の単価を乗じた金額を受払いすることになります。

　この HDD、CDD の単価は、DDV（Degree Day Value, DDV）といいます。

②気温デリバティブ取引の具体例

　ここで、CDD を対象にした取引の具体例をみることにします。

　ある電力会社は、来る夏は冷夏になることを予想しています。そして、これにより電力販売収入の落込みを懸念して、気温デリバティブを活用することにしました。この電力会社のこれまでのデータをみると、6 月〜 8 月の毎日の CDD の累計値が550を下回る場合には1CDD 当たり 3 万ドルの損失が発生しています。

　そこで、この電力会社は保険会社との間で、次の内容の気温デリバティブ取引を締結しました。

期　　間	6 月〜 8 月
同社の電力販売先のエリアの気温の基準値としての CDD 指数	550
DDV（1CDD の単価）	3 万ドル
電力会社の受取り上限	6 百万ドル
電力会社が保険会社に支払うプレミアム	20万ドル

　翌夏は、この電力会社が懸念した通りの冷夏となり、CDD 指数は500となりました。これにより、電力会社が気温デリバティブ取引から受取るネット受取額（プレミアム支払を勘案後）は次のようになります。

（CDD 指数の基準値 550 − CDD 指数の基準値 500）× DDV 3 万ドル − プレミアム20万ドル = 130万ドル

第3部　気象リスクのヘッジ

　仮に、翌夏が例年通りの暑さとなった場合には、保険会社から電力会社への支払いはなく、電力会社にとって気温デリバティブ取引によるプレミアム支払い20万ドルが損失となります。しかし、電力会社では、例年通りの暑さからの電力販売増となり、本業の方で利益を上げることができます。

7　日本の天候デリバティブ

(1)日本初の天候デリバティブ

　1999年、三井海上火災保険（現、三井住友海上火災保険）は、積雪量を対象とした天候デリバティブを開発して、これをスキー用品販売会社の（株）ヒマラヤに提案、この結果、両社の間で日本における天候デリバティブ第1号となる取引が締結されました。

　これは、冬季に小雪となった場合に、ヒマラヤのスキー用品の売上げ減をヘッジすることを目的とした天候デリバティブです。

　具体的には、積雪量の観測場所は、ヒマラヤのスキー用品会社の主力販売地区の長野と岐阜に所在するスキー場近くの3つの気象観測所とし、また、積雪量の観測期間は、ボーナス月でスキー用品の売り上げが最も多い12月の31日間に設定されました。

　したがって、観測データは3気象観測所×31日＝93日となります。そして、積雪量が10cm以下の日数が、75日を越えた場合には［超えた日数×一定金額］をヒマラヤが三井海上火災から受け取る、という内容です。

　この天候デリバティブのペイオフは、ヒマラヤをコールの買い手、三井海上火災をコールの売り手とする権利行使水準75日のコールオプションです。そして、ヒマラヤから三井海上火災に10百万円のプレミアム（オプション価格）が支払われています。

(2)日本の天候デリバティブの特徴

　以下では、日本の天候デリバティブの特徴を、主として米国との対比でみることにします。

①天候デリバティブの対象となる気象条件の多様性

　米国における天候デリバティブは、エネルギー業界のヘッジ需要を背景にした気温を対象としたものが大半ですが、日本では、気温のほかに、風速、降雪、降雨、波高、湿度、日照時間等、さまざまな気象現象を対象とする天候デリバティブが取引されている点が大きな特徴となっています。

現状、このなかで気温、降雪、降雨を対象とする天候デリバティブ取引が多いとみられますが、単独の気象条件だけではなく、たとえば、風速と降雨というように複数の気象条件を組み合わせた天候デリバティブも取引されています。

また、風力発電やソーラー発電等の再生可能エネルギーの関連で、風力や日照時間等を対象とする天候デリバティブに対する需要が拡大することも見込まれます。

②天候デリバティブの取引主体の多様性

米国における天候デリバティブの取引主体は、エネルギー業界が中心となっていますが、日本の天候デリバティブの取引主体は、多種多様な業種から構成されています。

その主な業種をみると、電力、ガスに加えて、農業、百貨店、エアコン・暖房器具販売、アイスクリーム卸、清涼飲料製造、冬用タイヤ販売、防寒・夏物衣料、アパレル、飲食業、屋外工事、運輸・物流、レジャー、風力・ソーラー発電等です。そして、たとえばレジャー関連業者には、屋外型のテーマパーク、ライブ、ゴルフ場、スキー場、スポーツ観戦、海水浴場、プール、レジャー施設周辺のホテル、さらには弁当販売業も含む多様な顔ぶれとなっています。

③中堅・中小企業による天候デリバティブ取引

米国における天候デリバティブは、主としてエネルギー業界に属する大企業により取引されていますが、日本の天候デリバティブは、大企業よりもむしろ中堅・中小企業が活発に取引されていることが大きな特徴となっています。

これには、大企業に比べると中堅・中小企業は、天候リスクを自社内で「保有」するのではなく、天候デリバティブ取引によって天候リスクを保険会社や銀行等の金融機関に「移転」するニーズが強いといった要因が働いているとみられます。

すなわち、一般的に大企業ではグループ企業を含めて、ビジネス自体の多角化、取扱商品の多様化、仕入先・販売先の多様化、それに商品・サービスを提供する地域の分散化を行いながら、事業ポートフォリオの分散投資を実施しています。そして、こうした事業ポートフォリオの分散投資により、天候リスクを含むさまざまなビジネスリスクの分散化を図ることが可能となります。

たとえば、天候リスクの地域分散をみると、全国に拠点を展開しているホテル業界であれば、暖冬でスキー場近辺のホテルの客足は落ちますが、テーマパーク、レジャーランド、ゴルフ場近辺のホテルは賑わいをみせることが期待できます。また、販売商品によるリスク分散をみると、総合スポーツ用品の場合、暖冬でスキー用品の売れ行きは落ちますが、ゴルフ、テニス、ジョギング等の関連用品の売れ行きは好調になることが期待できます。

このように、大企業では、グループ企業を含めて天候リスクを自社内で保有、ヘ

ッジすることができますが、これに対して中堅・中小企業では限られた資本で事業を多様化するには限界があります。

こうした大企業と中堅・中小企業のリスクヘッジへの対応の違いが、日本においてさまざまな業種の中堅・中小企業を中心として、天候デリバティブが活発に取引されている背景となっていると考えられます。そして、この結果、1件当たりの取引も小ロットの取引が多数を占めています。

④天候リスクの引き受け手としての損保、銀行

日本の天候デリバティブ取引の商品開発は、主として損害保険会社と大手銀行の手により行われており、販売は損害保険会社、大手銀行のほか、地方銀行、信用金庫等が担っています。

そして、地方銀行、信用金庫等が天候デリバティブを販売する場合は、自己が取引の相手方となるのではなく、企業と損害保険会社や大手銀行との間の仲介役となって手数料収入を得るケースが大半です。したがって、天候デリバティブのリスクの引き受け手は、損害保険会社や大手銀行となります。

銀行、信用金庫等は、融資取引を通じて取引先企業、さらには当該企業が属する業界のビジネスリスクを把握する、という情報産業の性格を持っていますが、こうしたビジネスリスクには、天候リスクも含まれています。したがって、銀行、信用金庫等は、取引先企業に対して天候デリバティブ取引を提案して、取引先が天候リスクにより損失を被ることを回避するようアドバイスすることができ、また、これにより貸付債権の保全につなげることも期待できます。

とりわけ、さまざまな業種に亘る数多くの中小企業を取引先に持つ地方銀行や信用金庫では、リレーションシップバンキングの特徴を生かして、経営者と一体となって天候デリバティブの活用について検討する、といったことが行われています。

⑤OTC（店頭）取引

米国では、シカゴ商業取引所が気温デリバティブを上場していますが、日本では天候デリバティブが取引所に上場されている例はなく、すべての取引が企業と損害保険会社や大手銀行との間の相対契約により行われています。

すなわち、損害保険会社や銀行、信用金庫等が天候デリバティブを販売するとき、その相手は必ず天候リスクのヘッジを目的とした企業に限定され、投機家（スペキュレーター）が天候デリバティブ取引を行うことはできません。したがって、企業が天候デリバティブ取引を行う場合のロットや支払限度額は、天候リスクによって企業が損失を被る可能性のある金額の範囲内で設定されることとなります。

具体的には、損害保険会社等が顧客と天候デリバティブ契約を締結する場合には、次のような条件を付けることが一般的です。

第2章 天候デリバティブと保険

図表 2 - 3　サンフレッチェ広島の天候デリバティブ

対象試合数	6試合数
試合期間	9〜11月
保険料	1口50万円
保険金支払基準	試合当日の24時間累積降水量10mm以上
保険金	基準値以上の降雨となった試合1試合当たり35万円
免責となる雨天時試合数	0
保険会社	三井住友海上火災保険
仲介金融機関	広島銀行

（出所）伊藤晴祥、小澤昭彦「天候デリバティブによるリスクマネジメントの効率性の検
　　　　証：Jリーグにおけるケーススタディ」リアルオプション研究、Vol.5.No1.2012、
　　　　p.32

ⅰ　天候デリバティブは、企業の天候リスクのヘッジを目的とした金融商品である
　ことから、個人は利用することはできない。
ⅱ　天候デリバティブは、天候リスクのヘッジを目的とする金融商品であることか
　ら、投機、賭博、資産運用を目的として利用することはできない。
ⅲ　天候デリバティブの最大受取金額は、企業が天候リスクにより被害を受ける可
　能性のある範囲内とする。

(3) 日本における天候デリバティブの取引例

　以下では、これまで日本で開発、取引された天候デリバティブ取引のなかで特徴
のあるいくつかのケースをみることにします。

①降雨デリバティブ

　Jリーグでは、多くのチームが屋根のないスタジアムを利用しており、このため
雨天等の悪天候の場合には観客数が大きく減少する傾向にあります。そこで、清水
エスパレス、サンフレッチェ広島、それにセレッソ大阪は、天候デリバティブを活
用してリスクヘッジを行いました[3]。

　たとえば、サンフレッチェ広島は三井住友海上火災保険との間で図表2-3のよ
うな日数カウント型の天候デリバティブ取引を行っています。

②気温デリバティブ

　スイスを本拠地とする保険会社のスイス・リー（Swiss Re）は、あるビール会社
が冷夏の場合の売り上げ不調をヘッジするための気温デリバティブ取引を行ってい
ます[4]。

　その内容をみると、気温の取り方は、東京（ウエイト50％）、大阪（同30％）、名

75

第 3 部　気象リスクのヘッジ

図表 2 - 4 「お天気補償」の概要

サービス対象者	高島株式会社の指定販売店から太陽光発電システムを購入する一般消費者
サービス提供者	高島株式会社
補償期間	「お天気補償」契約の補償開始日から 5 年間
補償基準	・気象庁公表データによる10年間の日照時間平均値から基準値を割り出し、実際の年間日照時間がこの基準値を下回った場合、1 時間につき100円、年間最大 5 万円まで補償する。 ・日照時間の基準値は、都道府県ごとに異なる。 ・基準値は一年ごとに更新される。 ・基準値を下回った時間が30時間未満の場合、補償金は支払われない。
補償料	無料（高島株式会社および高島株式会社の指定販売店が負担）

（出所）高島株式会社、株式会社損害保険ジャパン「業界初！天候デリバティブを活用した太陽光発電システムの日照リスク軽減付加サービス開発〜「お天気補償」付き太陽光発電システム発売開始〜」プレスリリース2005.6

古屋（同20％）の平均気温の加重平均値をインデックスとします。また、期間は2001年 7 月 1 日から 8 月31日までとして、毎日の各地点の平均気温の加重平均を対象期間中、単純平均した数値とします。

　そして、摂氏25.9度を基準としてそれを下回ると、0.1℃当たり100万円をスイス・リーがビール会社に支払う、という内容です。これは、権利行使水準を25.9度に設定したプットオプションであり、受払は1000万円（24.9度の場合）を上限とするキャップが付せられています。

③日照デリバティブ

　損保ジャパン日本興亜と太陽光発電システム等の販売会社の高島株式会社は、天候デリバティブを活用して、日照時間の減少により太陽光発電システムの設置ユーザーが被るリスクを補償するサービスを共同で開発しました。そして、これを高島株式会社が「お天気補償」の名称で、太陽光発電システムの新規設置ユーザー向けに無償付加サービスとして提供しています[5]。

　これは、高島株式会社が、一定の日照時間不足が生じた場合に太陽光発電システムの購入者に補償金を支払うサービスで、高島株式会社は損保ジャパン日本興亜との間で締結する天候デリバティブ契約により実際に補償責任が生じた場合の損失をヘッジしています（図表 2 - 4 ）。

④企業間の天候デリバティブ取引

　日本における天候デリバティブ取引は、損害保険会社や大手銀行がリスクテイカー（引き受け手）、企業がリスクヘッジャーとなって取引されるケースが大半ですが、金融機関が取引テイカーになることなく、リスクヘッジャーとなる企業同士で

図表2-5　東京電力と東京ガスの事業収益構造

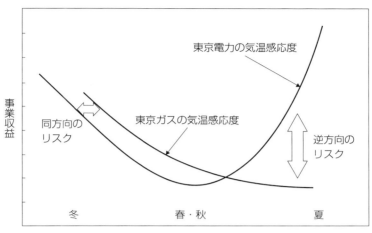

（出所）気象庁、経済産業省「企業の天候リスクと中長期気象予報の活用に関する調査報告書」2002.3、p.78

直接、取引が成立することもあります。

　その例が、世界的に有名な東京電力と東京ガスの気温デリバティブ取引です。すなわち、電力会社にとっては、冷夏の場合にエアコンの稼働率が落ちて電力の売上げが減少する冷夏リスクがある一方、ガス会社にとっては、酷暑の場合に給湯需要が落ちてガスの売上げが減少する酷暑リスクがあります（図表2-5）。

　そこで、東京電力と東京ガスとの間で、気温リスクを対象とする天候デリバティブ取引が成立しました。具体的には、契約期間を2001年8月1日から9月30日の61日間とし、毎日の平均気温を8～9月の61日分平均した数値を取引対象とします。この平均気温は、大手町の東京管区気象台が1時間ごとに発表する24データの気温の平均値として、対象期間の基準気温を26度とし、25.5度～26.5度は平温とみなすこととしました。そして、実績としての平均気温が、26.5度を上回る高温の場合には東京電力が東京ガスに対して支払い、逆に25.5度を下回る低温の場合には東京ガスが東京電力に対して支払うとの設計となっています。ただし、対象期間の平均気温が基準気温を2.0度超えて上回ったり下ったりした場合には支払額が約7億円となり、これを上限とするキャップが設定されました（図表2-6）。

　この気温デリバティブ取引のペイオフは、24.0度から28.0度の範囲で効果が発揮されるカラー取引となります。これは、実績が24.0度を下回るとか28.0度を上回る

77

第3部　気象リスクのヘッジ

図表2-6　東京電力と東京ガスの天候デリバティブ取引の概要

項目		契約内容	
対象期間		2001年8月1日から9月30日まで	
指標となる気温		大手町にある気象庁設置の機器で観測した対象期間の平均気温の合計	
基準気温		26℃	
決済の方法		対象期間の平均気温が基準気温を0.5℃を超えて下回る場合	対象期間の平均気温が基準気温を0.5℃を超えて上回る場合
		東京ガス支払い・東京電力受取り	東京電力支払い・東京ガス受取り
	上限	対象期間の平均気温が2℃下回る場合	対象期間の平均気温が2℃上回る場合
		東京ガス支払い・東京電力受取りが約7億円となり、これが上限。	東京電力支払い・東京ガス受取りが約7億円となり、これが上限。

(出所) 東京電力、東京ガス「夏期の気温リスク交換契約の締結について」プレスリリース等をもとに筆者作成

ことは、過去のデータからみて確率は極めて低い、と判断されたことによります。

　この結果、東京電力は、冷夏の場合にはデリバティブ取引からの受取りで収益減をヘッジする一方、猛暑の場合にはデリバティブ取引で支払いとなりますが本業の電力売上増により利益が上がり、これを相殺することができます。

　これに対して、東京ガスは猛暑の場合にはデリバティブ取引からの受取りで収益減をヘッジする一方、冷夏の場合にはデリバティブ取引で支払いとなりますが本業のガス売上増により利益が上がり、これを相殺することができます（図表2-7）。

　そして、このカラー取引は、東京電力も東京ガスもオプションの売り買い双方を行うこととなり、両社にとってプレミアムの支払いは不要となります。

④衛星観測データを活用した天候デリバティブ

　三井住友海上火災保険は、2016年12月から、傘下の米国子会社を通じてNASA等の衛星観測データを活用した天候デリバティブを日系の海外進出企業等を対象に全世界で販売しています[6]。それまで、同社の天候デリバティブ取引は、観測地点が遠方にあり精緻な地上観測データが取得できないとの理由から、日本国内や北米、欧州での引き受けが中心となっていましたが、NASA等の衛星によるリモートセンシングを活用した引受体制を整えることにより、アジア・南米・オセアニアなどを含む全世界における天候デリバティブの提供が可能になりました。

　同社では、これによって、たとえば鉱山開発事業における降雨による工期遅延リスクや、養殖事業における海水温上昇による生育不良リスク、電力小売業における猛暑・冷夏による販売変動リスク等、さまざまなリスクのヘッジニーズに対応する

図表 2-7　東京電力と東京ガスの天候デリバティブ取引のペイオフ

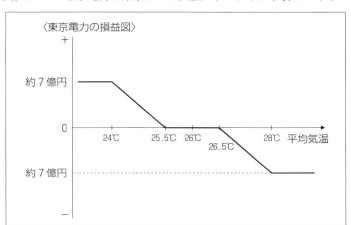

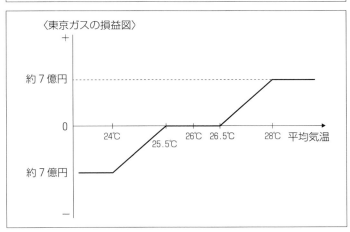

(出所）東京電力、東京ガス「下記の気温リスク交換契約の締結について」プレスリリース等をもとに筆者作成。

ことで、日系企業の海外進出の支援を推進していきたい、としています。

第3部　気象リスクのヘッジ

第3章

災害債券（キャットボンド）

　自然現象に起因する災害リスク（カタストロフィ・リスク）の発生が世界中で趨勢的な増加をみています。自然災害には、さまざまな種類がありますが、地震、台風、洪水、旱魃、高潮が主要なリスクといわれています。そして、この5つのカタストロフィ・リスクに最も多く晒されている国をみると、バヌアツ、トンガ、フィリッピン、コスタリカに続いて日本が第5位となっています[1]。

　カタストロフィ・リスクには、発生時期は季節に関係なく不規則であるものの発生地域はある程度推測することができる地震、津波、噴火等と、特定の季節に発生するもののその多くが地域を特定して予測することが難しい台風、竜巻、洪水、雹（ひょう）等があります。そして、このいずれのカテゴリーも、発生確率と損失規模の予測が極めて難しい、という特性を持っています。

　以下では、こうしたカタストロフィ・リスクをヘッジするために開発された災害債券（catastrophe bond）についてみることにします。

1　災害債券の意義

　気象リスクをヘッジする手段としては、天候デリバティブや保険があります。しかし、自然災害に起因するリスクは、規模が大きく保険会社がリスクを自社で抱えるには限度があり、こうした巨大リスクを進んで引き受ける投資家の存在が必要です。

　そこで、新しい手法としてカタストロフィ・リスクを証券化して投資家に移転する「災害債券」が発行されています。災害債券は、カタストロフィ・ボンドを略してキャットボンド（CAT bond）と呼ばれています。

　災害債券は保険市場を補完する機能を持ち、金融資本市場と保険市場を結びつける保険リンク証券を代表する存在となっています。

第3章　災害債券（キャットボンド）

2　災害債券のフレームワーク

(1) 発行主体とリスクの引き受け手

　災害債券の発行主体をみると、保険会社と再保険会社が大半を占めています。カタストロフィ・リスクを保険会社が引き受けた時には、そのリスクの大きさから、通常、その一部または全部を再保険会社に出再することになります。しかし、再保険会社の引受けキャパシティにも限度があります。

　一方、資本市場では、不特定多数の投資家が進んでリスクを引き受けることにより、リターンの獲得を狙う投資活動を展開しています。そこで、保険会社や再保険会社は、リスク引受けのキャパシティが保険市場や再保険市場よりも格段に大きい資本市場に向けて災害債券を発行しているのです。

(2) 災害債券の仕様と発行

　災害債券の発行に当たっては、対象となる災害（たとえば地震）、災害が発生する地域（たとえば日本）、債券のクーポン（金利）、満期までの期間（たとえば3年）、そして災害発生の場合の債券の元利金支払いへの影響、等の仕様が決められます。

　そのうえで、保険会社や再保険会社が、引き受けたカタストロフィ・リスクを自己保有するのではなく、投資家に移転するために災害債券を発行します。

　災害債券の発行は、証券化のために特別に設立される SPV（Special Purpose Vehicle、特別目的ビークル）を通じて行われます。なお、SPV が会社形態を取る場合には、SPC（Special Purpose Company、特別目的会社）となります。そして、SPV は災害債券を発行して、投資家に販売します。

　その場合に SPV は、さまざまなリスク・リターンの選好を持つ多くの投資家にとって災害債券が格好の投資対象となるように、ハイリスク・ハイリターンの「エクイティ」、ミドルリスク・ミドルリターンの「メザニン債券」、ローリスク・ローリターンの「シニア債券」というように同一の災害債券を切り分けて販売します。こうした切り分けた債券を「トランシェ」といい、3分化よりもさらに細分化することもあります。そして、エクイティには高いリターンを狙うヘッジファンド等が、シニア債券にはローリスク・ローリターンを選好する年金基金、銀行等が投資をするといった具合に、投資家が自己のリスク・リターンの選好にマッチしたトランシェを投資対象とします。

　また、投資家が払い込んだ災害債券の発行代わり金を管理するために、SPV のなかに信託が設定されます。信託は災害債券の発行代わり金を低リスクの証券で運

第3部　気象リスクのヘッジ

用します。

(3)自然災害発生と災害債券の元利金支払い

　災害債券の満期までの間に自然災害が発生してあらかじめ決めておいた金額や指数を超えた場合には、SPVはあらかじめ決められた金額を災害債券の発行主体に支払う必要があります。SPVはこの資金手当てのために、信託勘定に保有していた証券を売却して現金化し、その資金を引き出します。これにより、災害債券の発行主体は、災害債券への投資家に対する元利金の一部またはすべての支払いを停止して、それを災害債券の発行主体が被った損失をカバーするための原資に充てることになります。

　この場合、ハイリスクを持ったエクイティ・トランシェは、他のトランシェに先んじて元利金の受取りが減少、またはゼロになります。そして、次に損失を被るのがメザニン債券で、エクイティとメザニン債券の元利金を停止してもなお災害債券の発行主体への支払原資が不足するときに初めてローリスク・ローリターンのシニアトランシェへの投資家の元利金が支払い停止となります。また、災害債券の満期までの間に自然災害が発生しなかった場合には、投資家は、債券の元本と金利を受け取ることになります。

3　災害債券発行の具体例

(1)東京ディズニーリゾートの災害債券

①東京ディズニーリゾートのリスクマネジメント

　1999年、東京ディズニーリゾートの運営主体であるオリエンタルランドは災害債券を発行しました。これは、企業が、保険会社や再保険会社を介することなく、直接、資本市場に向けて発行した最初の災害債券として、世界的に有名なケースです。

　オリエンタルランドの収益源は、東京ディズニーランドを中心とする東京ディズニーリゾートで、その事業基盤は千葉県浦安市舞浜地区に集中しています。したがって、この地区で大地震が発生した場合には業績に甚大な影響があることが予想されます。このため、オリエンタルランドでは、さまざまな施設の建設の際に液状化対策として地盤の改良工事を実施しており、さらに各施設に強力な耐震補強工事を行うことにより免震構造としています。この結果、2011年に発生した東日本大震災でも、東京ディズニーランド等の建物の損傷は極めて軽微なものであり、駐車場に液晶化現象がみられた程度にとどまっています[2]。

　しかし、地震発生による交通機関の被害に来場者のレジャーマインドの冷え込み

が重なって、一時的に入場者数が減少し、これが同社に収益減や資金繰り難の形で悪影響を及ぼす、といった間接的な被害が懸念されます。

1995年、阪神・淡路大震災が発生、その後、神戸のポートピアランドの来客数が大幅な減少を来たし、経営に甚大な影響を及ぼしました。これをみて、オリエンタルランドは、先行き関東大震災が発生した場合の対応の必要性を一段と強く認識することになりました。

また、当時は東京ディズニーシーの建設中であり、仮にその建設途中で大地震が発生した場合には、資金繰りに窮する恐れがあります。そこで、オリエンタルランドでは、大地震が発生した場合にも収益基盤の早期回復が可能となり、また運転資金の調達を確保することができるスキームを検討した結果、災害債券の発行が最適のソリューションである、との結論に至りました[3]。

②オリエンタルランドの災害債券発行

1999年、オリエンタルランドは、災害債券を発行しました。それまでの災害債券は、すべて保険会社や再保険会社の手により発行されてきましたが、オリエンタルランドは、保険会社や再保険会社を通じるスキームではなく、直接に資本市場にアクセスする形で災害債券を発行する最初のケースとなりました。これには、保険市場や再保険市場よりも格段に大きなリスク吸収のキャパシティを持つ金融資本市場の活用が、より効率的なリスクヘッジ策となる、との認識が働いています。

そして、このオリエンタルランドによる災害債券発行の成功例をみて、他の企業の間でも、リスクヘッジの場としての金融資本市場の活用に対して急速に関心が高まることとなり、その対象となるリスクも伝統的なカタストロフィ・リスクから、テロや伝染病等まで拡大しました。

オリエンタルランド発行の災害債券のスペックは、東京ディズニーリゾートの施設に対する直接的な被害はもとより、営業中断とか、来客数の低下による営業損失や営業キャッシュフローの減少等の間接的な被害をカバーするためにタイムリーかつ確実に資金を受取ることができる、といった特徴を持っています。

このオリエンタルランドの災害債券は米国市場で発行され、欧米の機関投資家の投資対象となりました。

③オリエンタルランドの災害債券の種類

オリエンタルランドの災害債券は2種類に分かれていて、各々1億ドルの額面総額となっています。

すなわち、第1は、来園者数の減少による収益低下をヘッジする「収益補填型」の災害債券で、地震発生により災害債券の元利金の一部または全部を投資家が失う可能性があるタイプです。具体的には、シンデレラ城がある浦安の舞浜を中心に半

第3部 気象リスクのヘッジ

図表3-1 オリエンタルランド発行の収益補填型キャットボンドの概要

項目	内　容
発行主体	オリエンタルランド（東京ディズニーランドの運営主体）
トリガー	舞浜を中心に震源の深さが10km以内で ・半径10km以内、マグニチュード6.5以上 ・半径50km以内、マグニチュード7.1以上 ・半径75km以内、マグニチュード7.6以上
発行額	1億ドル
利回り	6か月物LIBOR＋310bps
償還額	地震発生の場合、▲25〜▲100%に減額
期間	5年

（出所）オリエンタルランドのプレスリリースをもとに筆者作成

径10、50、75kmの中で地震が発生したときに、マグニチュードの大きさに応じて各半径毎に債券の元本の一部または全部の償還が行われない、との内容となっています。

　これにより、オリエンタルランドは、各々の地域でマグニチュードが最も小さい地震について2.5百万ドルを受け取ることになり、地震の規模が大きくなるにつれて受取額が漸増して、最高額は1億ドルとなります。これに対して投資家は、元利金の一部または全部を失うリスクがありますが、地震リスクが発生しなかった時には高利回りのリターンを獲得することができます（図表3-1）。

　第2は、震災が発生した時にオリエンタルランドが災害債券を発行することができる予約を内容とする「資金流動性確保型」の災害債券です。この災害債券は、地震発生がトリガーとなっています。そして、トリガーが発動されるような地震が発生した場合には、オリエンタルランドが災害債券を発行して、SPC（特別目的会社）がこれを引受けることとなります。

　オリエンタルランドは、SPCから災害債券発行代わり金を得て、これを緊急に必要となった運転資金に活用することができます。オリエンタルランドがSPCに対して支払う災害債券の金利は、当初3年間は免除されて4年目からの支払いとなり、最長で8.5年後に元本が全額償還されることになります。

(2) JA共済連発行の災害債券

① JA共済のリスクマネジメント

　個人が一般の損害保険会社で地震や台風の被害に保険を掛ける場合には、通常の

火災保険に加えて特約により付保する必要があります。

　しかし、全国共済農業協同組合連合会（JA 共済連）により運営される JA 共済は、火災共済や生命共済の家計共済について、特約なく自動的に地震、台風保険が付保される仕組みとなっています。

　この結果、JA 共済連は、民間の一般保険会社よりも大きなリスクを抱えることになります。そこで、JA 共済連は地震や台風によって多くの家計に被害が生じた場合の保険金の支払い増加に対応するために、災害債券の発行によって多くの投資家にリスクの移転を図る方策を選択しました。

②第 1 回目の発行

　2003年、JA 共済連は、470百万ドル、期間 5 年の災害債券を 3 つのトランシェに分けて発行しました。これは、地震と台風を対象とする災害債券で、2003年中における世界最大規模の災害債券の発行となりました[4]。

　この災害債券は、JA 共済連とスイス再保険会社との間で再保険契約を締結して、スイス再保険会社が SPC を設立したうえでこの SPC にリスクを移転し、SPC が証券を発行するというスキームです。

③第 2 回目の発行

　2008年、JA 共済連は、 3 億ドル、期間 3 年の災害債券を発行しました。これは、地震発生により JA 共済連が被る損失を補償することを目的とする災害債券です。

　この災害債券の期間は、2008年 5 月14日から2011年 5 月24日までの 3 年に設定されましたが、2011年 3 月11日の東日本大震災によって、災害債券の投資家に100％の損失が発生しました。この結果、JA 共済連は、発行額 3 億ドル（約240億円）の全額を回収することとなり、これを共済金支払財源の一部に充当しています。

　過去において、災害債券で投資家に対する元本の償還が部分的に毀損した例は、ハリケーン・カトリーナのケース等がありますが、元本の償還が100％免除されたのは、これが初めてのケースとなりました[5]。

　なお、その後、2011年後半には、米国の竜巻によって 2 つの災害債券が全損となっています[6]。

③第 3 回目の発行

　2012年、JA 共済連は、額面 3 億ドル、期間 3 年の災害債券を発行しました。なお、第 1 回目の債券には Phoenix（フェニックス）、第 2 回目の債券には Muteki（ムテキ）の名称が付けられていたのに対して、第 3 回目は、将来、今次発行の災害債券の償還ができないような地震が起こることがないように、との願いを込めて Kibou（キボウ）と命名されました。

第4部

気象ビジネス

第4部　気象ビジネス

第1章
気象ビジネス市場

1　気象ビジネス市場の創出

　第4次産業革命では、ビッグデータ、人工知能（AI）、IoT（Internet of Things、モノのインターネット）、小型センサー等の活用により、新たなビジネスの創出が期待されていますが、「気象ビジネス」もその1つです。

　第2部でみたように、気象庁は各種の気象データを収集、分析して公表しています。そして、1993年に気象業務法が改正されて、民間気象事業者は、気象庁により観測された膨大な気象データや予報データを各産業のニーズにマッチするように加工して提供することが可能となりました。

　しかし、その後の状況をみると、気象データは、量、質に亘ってますます豊富にかつ精緻な内容で提供されていますが、それに対して各産業界による気象データの高度利用は非常に少ないのが実態です[1]。特に、産業界においてICTが急速に浸透している状況にあって、ICTによる気象データの高度利用による気象ビジネスの創出と活性化が重要な課題となっています。

(1)ビッグデータ
① ICTとビッグデータ

　「ビッグデータ」とは、これまで一般に考えられてきた以上に、大容量で、また多様なデータを意味するとともに、そうしたデータを分析してビジネスに有効活用する仕組みを意味します。

　ICTの活用から大容量かつ多様なデータを収集することが可能となり、また、収集したデータの解析がスパコンやクラウドの進展でスピーディかつ正確にできるようになったことにより、気象ビッグデータをさまざまなビジネスへ活用する展開が期待されます。

②ビッグデータの3Ｖ

　ビッグデータは、大容量性（volume）、多様性ないし非定形性（variety）、リア

88

ルタイム性ないしデータの入力と出力の即時性（velocity）の３Ｖで定義されます。

ａ．大容量性（volume）：

事象を構成する個々の要素に分解し、把握・対応することを可能とするデータです。

ｂ．多様性ないし非定形性（variety）：

各種センサーからのデータ等、非構造なものも含む多種多様なデータです。数値のみではなく、画像データ等の多様なフォーマットを利用します。

ｃ．リアルタイム性ないしデータの入力と出力の即時性（velocity）：

リアルタイムデータ等、取得・生成頻度の時間的な解像度が高いデータです。すなわち、リアルタイムと認識できるほどに計測頻度が多いデータです。

③ビッグデータのメリット

ビッグデータを活用することによって、従来は困難であった膨大で複雑なデータをコンピュータによって解析することができ、この結果、有益な情報を見出してビジネスに役立てることができます。

(2)ビッグデータとしての気象データ

①気象ビッグデータ

気象庁では、自然現象の観測データの収集を行い、そのデータを解析して監視・予測を行い、その結果を公表しています。気象庁が収集する気象データは、ビッグデータを代表する１つである、ということができます。

ビッグデータとしての気象データは、次のように２種類に大別することができます[2]。

ａ．個々の容量は小さいものの、日本全国に広がる多種多様の気象データ：

アメダス、高層気象観測、天気予報、注意報・警報等、地点・地域の観測・予測データ

ｂ．個々の容量が大きく、面的・立体的な広がりを持ち、より高頻度・高解像度な気象データ：

気象衛星やレーダー等のメッシュ状（３次元）の観測データ、数値予報等のメッシュ状の予測データ

たとえば、2015年７月より運用を開始した静止気象衛星のひまわり８号は、搭載されたカメラのバンド数が従来の５バンドから16バンドに増加したほか、観測間隔も従来の30分毎から10分毎（日本域は2.5分毎）に高頻度化し、水平分解能も従来の２倍になり、そのデータ量は１日分で数百ＧＢに達する、といった飛躍的な増加をみています。

そして、こうしたデータは、秒・分・時・日・月・年など、さまざまな時間単位で更新され、機械判読に適した形式（XML形式、CSV形式等）や国際ルールに基づいた形式（BUFR形式、GRIB形式等）で配信、提供されています。
②オープンデータとしてのビッグデータ
　気象庁が提供するデータ自体は無償で、商用目的に利用することや二次的配布を行う、といったことに制限を設けていません。すなわち、気象データは、オープン化されたビッグデータである、ということができます。こうしたことから、気象データはさまざまな業界において生産、製造、物流・販売、マーケッティング（販促）等に有効活用されて、生産性の向上に大きく寄与するポテンシャルを持っています。
　たとえば、気象データをさまざまなデータと組み合わせて分析、活用することによって、需要予測を行ってそれをサプライマネジメントに活用する、といった取り組みがみられています。
　しかし、情報通信総合研究所の調査では、データ分析を行っている企業のうち、顧客データは46.7％、経理データは45.6％と高い割合で活用されているのに対して、気象データはわずか1.3％と低水準で、オープン化されたビッグデータとしての気象データが産業界で十分に活用されているとはいい難い現状となっています[3)]（図表1-1）。

ひとくちmemo　「ダークデータ」にとどまっている気象データ

　気象庁が具体例で示しているように、農業、アパレル等で気象データを活用する先進的な事例がみられてはいますが、こうしたケースは数少なく、生産性向上のポテンシャルはあるものの、未だ活用されるに至っていない気象データが豊富に存在します。実際のところ、総務省の平成27年度版情報通信白書によると、気象データを利用している企業はわずか1.3％にとどまっている、との調査結果となっています。
　このように、これまで蓄積されてきたデータで、有効に活用されていないデータを、日の当たらないデータという意味を込めて一般的に「ダークデータ」と呼んでいます。
　気象のダークデータをIoTやAI等のICTを活用して日の当たるデータにして、産業活動に生かす、といった気象ビジネスの実現が期待されます。

(3) 気象データ高度利用ポータルサイト
　気象庁では、国土交通省生産性革命プロジェクト「気象ビジネス市場の創出」の

第1章　気象ビジネス市場

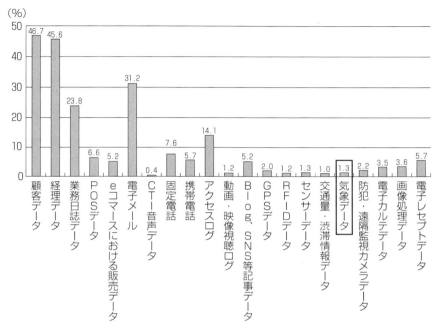

図表1-1　各データを分析に活用している企業等の割合

(出所)　情報通信総合研究所「ビッグデータの流通量の推計及びビッグデータの活用実態に関する調査研究」総務省、2015.3、p.15をもとに筆者作成

一環として「気象データ高度利用ポータルサイト」を開設して、さまざまな産業分野における開発等に役に立つ気象情報のコンテンツを集約・掲載しています[4]。

このサイトに掲載されている主要な内容は、次のとおりです。

①気象庁が提供するデータの概要やデータを解説した気象庁情報カタログ
②XMLフォーマット形式電文の提供。これにより、ユーザーは任意のタイミングで電文を取得することができます。
③観測地点位置データ等の気象データと組み合わせて分析が可能なデータの提供
④数値予報結果等のメッシュデータ（GPVデータ）のサンプルの提供
⑤気象データの利活用事例

(4) 商品需要予測のビジネス化

日本気象協会は、次世代物流システム構築事業の一環として、2014年度から2016年度にかけて経済産業省の補助事業「次世代物流システム構築事業　需要予測の精

91

第4部　気象ビジネス

図表1-2　日本気象協会の商品需要予測のビジネス化の概要

対象	活用方法例
製造業（日配品）	・生産量の最適化（廃棄ロス削減、機会ロス削減）
製造業（季節商品）	・長期予報を利用した商品生産計画の検討 ・導入期、需要期での販売促進による売上増 ・終売期での的確な増減産の意思決定（廃棄ロス削減、機会ロス削減）
卸売業・物流業	・配送の効率化（モーダルシフトによる運送費削減）
小売業	・商品納入量の最適化（廃棄ロス削減、機会ロス削減） ・天候に応じた販売促進による売上増

（出所）日本気象協会「日本気象協会、商品需要予測事業を正式に開始〜「あらゆる産業」へのコンサ
ルティングサービス提供を目指し、専属部署を新設〜ニュースリリース」2017.3.30

度向上・共有化による省エネ物流プロジェクト」を実施、そのなかで物流の効率化
と食品ロスの削減を目的として気象情報を活用した商品需要予測に取り組んできま
した（詳細は第2章第1節参照）。

①先進事業グループの設置

　日本気象協会は、2017年度初から商品需要予測事業を正式に開始して、これに伴
い専門の部署として先進事業グループを協会内に設置しています[5]。

　先進事業グループでは、気象ビッグデータを異分野のビッグデータと掛け合わせ
た新たな活用方法の研究や、AIを活用して気象予測の精度向上を図る技術開発を
行うほか、気象情報が十分に活用されていない服飾・医療・家電等の分野を支援す
る事業も促進し、気象ビジネスの更なる拡大に取り組む方針です。

②サプライチェーンの効率化

　日本気象協会では、先進事業グループが中心となって、気象情報をもとにした商
品需要予測情報の提供および問題解決を支援するコンサルティングサービスを提供
し、企業の「働き方改革」や「生産性向上」、「社会的責任（CSR）」を支援してい
ます。

　具体的には、サプライチェーンを構成する製造業、卸売業・物流業、小売業を対
象に日本気象協会が持つ独自の気象情報および解析技術に基づいた商品需要予測情
報を日次予測（日単位の2週間先までの気温）、週次予測（週単位の4週間先まで
の平均気温）、月次予測（月単位の3カ月先までの平均気温）等、活用目的に応じ
て提供します。

　そして、こうした情報に基づいたコンサルティングサービスを行い、製品の生産
計画の策定や配送の効率化、天候に応じた販売促進による売上げの増加等、さまざ
まな活用方法を提案して、企業での生産性向上をサポートすることとしています

（図表1-2）。

　また、将来は、製造業、卸売業・物流業、小売業の各社が共通の需要予測情報を共有し連携することにより、サプライチェーン全体の効率化を指向する方針です。

③商品需要予測の対象拡大と高度化

　日本気象協会は、2017年8月、商品需要予測事業の1つとして、多様な業種を対象としてマーケティングリサーチを展開する（株）インテージが保有する全国小売店パネル調査データの第三者開示利用によるデータ活用に関して合意しました[6]。

　日本気象協会では、これまで食品を中心にメーカーや小売業に対して需要予測情報の提供、コンサルティングを行ってきましたが、この合意により、食品や医療品、日用雑貨等、あらゆる商品を対象とした高精度の需要予測を行うことができるようになります。そして、インテージと日本気象協会の両社と契約しているメーカーや小売業等では、過去の実績としてだけではなく、需要予測としても全国小売店パネル調査データを活用することが可能となります。また、日本気象協会は、需要予測の情報提供だけではなく、情報の使い方や企業側のオペレーションを変革するためのコンサルティングも行っています。

2　気象ビジネス推進コンソーシアム

(1)気象ビジネス推進コンソーシアムの設立

　国土交通省では、人口減少傾向の中での経済成長の実現に向けて、生産性革命に資する施策を強力かつ総合的に推進するために、国土交通省生産性革命本部を設置して、生産性向上に取り組んでいます。

　2016年11月、国土交通省生産性革命本部は、生産性革命プロジェクトの1つに「気象ビジネス市場の創出」を選定しました[7]。

　そして、気象庁は、2017年3月にこのプロジェクトの一環としてIoT、AI等の技術を活用した気象ビジネスの創出、活性化を推進することを目的として「気象ビジネス推進コンソーシアム」を立ち上げています。

(2)産学官連携による「気象ビジネスの共創」

　気象ビジネス推進コンソーシアムのタスクは、産業界における気象データの利活用を一層推進するとともに、IoT・AI技術を駆使して気象データを高度利用した産業活動を創出・活性化させることにあります。

　すなわち、このコンソーシアムは、気象サービスと産業界とのマッチングや、気象データの高度利用を進めるに当たってのさまざまな課題を、先進的気象ビジネス

モデルの創出、気象ビジネス推進の環境整備、気象ビジネスフォーラムの開催等を通じて検討、提言することを目的としています。

具体的には、「先進的気象ビジネスモデルの創出」では、関連技術の進歩に応じた気象情報の利活用の促進や、世界最高水準の技術の気象ビジネスへの展開を指向します。

また、「気象ビジネス推進の環境整備」では、ユーザーとの対話を通じた継続的な情報改善や、気象情報高度利用ビジネスに係る人材育成が課題となります。

そして、「気象ビジネスフォーラム」においては、産学官関係者が一堂に会する対話の場を通じて気象事業者と産業界のマッチングの推進を図ります[8]。

コンソーシアムの会員数は、375（2018年7月9日時点）にのぼっており、気象事業者、情報通信業、農業・水産業、小売業・卸売業、製造業、金融業・保険業、電力・エネルギー、商業・サービス業、運輸業、建設業、観光業等の産業界、学界・関連団体（気象、IoT・AI・オープンデータ）、それに気象庁をはじめとする関係府省庁等から構成され、気象ビジネスの連携を強化して、文字通りの産学官連携による気象ビジネスの共創を目指すこととなります。

3　ウエザーマーチャンダイジング

(1) ウエザーマーチャンダイジングとは？

個人消費は、気温や晴雨等の気象条件により大きく左右されます。「ウエザーマーチャンダイジング」は、こうした気象条件とその変化が消費動向に与える影響を統計等をもとに分析して、その結果を小売業の品目別の仕入れ、在庫調整、それに広告、キャンペーン等の販売促進に活用するビジネス戦略です。

したがって、ウエザーマーチャンダイジングは、気象ビジネスのコアとなるコンセプトである、ということができます。

ウエザーマーチャンダイジングは、リアル店舗だけでなく、インターネットによる通販でも活用されています。

ひとくちmemo　スープ指数とガリ指数

　　天気予報を販売促進（販促）という形で活用するツールの1つに、商品と気温等の気象条件を結びつける指数化があります。

　　たとえば、ウエザーニューズ社は、大手食品メーカーと共同で、スープの販促のためにPOSデータによる過去の販売状況と体感温度等の関係を分析する

ことにより、どのような気象条件の時に人がスープを飲みたくなるのかを指数化した「スープ指数」を開発して、これをスマホの気象サイトやHPを使って消費者向けに発信しています[9]。

このスープ指数は、天気（晴れ、曇り、雨、雪）と体感気温の2要素から構成されています。体感気温は気温の前日の実績値と当日の予報値の差、地域間の温度差（たとえば、同じ10℃でも福岡と札幌では体感が異なる）、および時期による温度差（たとえば、同じ10℃でも9月と12月では体感が異なる）を考慮したものです。

指数は10刻みで100までの範囲で算定されて、条件に応じた指数と、各段階ごとに設定されている「あつあつの幸せ。スープな気分を楽しもう！」、「具だくさんスープをハフハフ食べよう」等のコメントが一緒に表示されます。

また、ウェザーマップ社と赤城乳業（株）は、共同でアイスキャンディー、ガリガリ君（アイスキャンディー）のお天気サイトの運営を行っています。このサイトが消費者に提供する情報には、天気予報や最高気温、暑さ対策のコメントのほかに、各地の気温、湿度などの気象データを使って算出する「ガリ指数」があります。このガリ指数は、ガリガリ君の購入欲の上昇を予想する指数で、1ガリから箱ガリまでの4段階で日本地図上にガリガリ君の本数と箱が表示されます。

なお、日本気象協会では、協会独自の研究・分析や、さまざまな企業との間の共同研究・タイアップを通じて気象条件と日々の生活に関連した各種の気象関連指数を開発、配信しています。（図表1-3）

図表1-3　日本気象協会による指数情報の代表例

通年	夏季	冬季
洗濯指数	不快指数	寒冷指数
お出かけ指数	汗かき指数	素肌乾燥指数
傘指数	熱中症指数	カラカラ乾燥指数
紫外線指数	冷房指数	のど飴指数
体感温度指数	ビール指数	風邪ひき指数
レジャー指数	アイスクリーム指数	鍋もの指数
星空指数	ジメ暑指数（ジメジメとした不快さを感じる指数）	掛け布団指数
	除菌指数	重ね着指数
		シミ・リバウンド指数

（出所）日本気象協会の資料をもとに筆者作成

第4部　気象ビジネス

図表1-4　マーチャンダイジングと天気予報等

ステップ		天気予報等	マーチャンダイジング
本部			
	営業計画	長期予報	シーズン単位の傾向把握、戦略決定
	商品計画	POSデータマイニングによる気象感応度分析	営業計画に基づく具体的な販売重点商品策定
	販促計画	1か月予報	特売商品策定と価格決め及びメーカーとの詳細商談
本部＋店舗			
	発注仕入	週間予報〜明日・明後日の店舗単位ピンポイント予報	商品発注量調整
店舗			
	当日仕込	当日のピンポイント予報	販売計画や惣菜加工方法／量決定、店舗スタッフ間での共有
	見切り	ナウキャスト	来店客数動向の見極め、惣菜加工終了タイミングの見極め、値引きタイミングの見極め

（出所）常盤勝美「弊社の取組と中期予報への期待（2週間先までの気温の情報）」ライフビジネスウェ
ザービジネス気象研究所、気象庁主催「産業分野の気象情報利用のためのワークショップ」
2016.12.14、p.4をもとに筆者作成

(2)天気予報とウエザーマーチャンダイジング

　気象庁の天気予報を活用したウエザーマーチャンダイジングは、図表1-4のようなステップで行うことが考えられます[10]。

(3)昇温商品、降温商品

　ウエザーマーチャンダイジングでは、気温が上がるほど売れる商品を「昇温商品」と呼び、逆に気温が下がるほど売れる商品を「降温商品」と呼んでいます。昇温商品の代表例としてはビールや冷やし中華が、また、降温商品の代表例としては日本酒やおでんがあります。

　そして、昇温商品や降温商品に属する商品ごとに、気温が○℃になったらその商品の販売が立ち上がり、そして気温が○℃になったらその商品の販売の目立った増加が見込まれる、というように目途を付けます。

　そのうえで、販売サイドは先行きの気象予測をモニターしながら、店舗に陳列する品揃えや在庫手当ての計画を策定する等、販売促進を図ることになります。

96

第1章　気象ビジネス市場

(4) AIと商品需要予測

　日本気象協会では、商品需要予測を行い、これを企業に提供しています。現在、この技術は企業の食品ロス削減の取組みに対して多大な貢献をしています。

①体感気温と実効気温

　これまでのウエザーマーチャンダイジングは、ある商品は気温が〇℃になったら売れ始める等の形で販売動向を予測する手法でした。

　しかし、日本気象協会の商品需要予測は、商品POSデータ等のビッグデータを活用して、各企業の商品と気象の関係性を分析します。そして、これらに、気温による消費者の感覚や心理変化を数値化した「体感気温」や、どのような経緯をたどってその気温になったかという「実効気温」を加味し、予測精度を向上します。

　ここで「体感気温」は、温度計で計測する気温ではなく、人が気温のほかに湿度、風、所在場所等の条件によって、感覚的に見積もる温度です。消費者は、暑いと感じた時に飲料、アイス等を、また寒いと感じた時にお鍋、肉まん等を購入する、というように、客観的な気温ではなく、体感温度が季節品の需要に直結する、と考えられます。

　日本気象協会では、SNSでの暑い、寒い等のTwitterの位置情報付きツイートデータをAI技術である機械学習の活用により解析して、過去の気象観測データにこれらのSNSでの解析から得られた知見等を織り込むことで体感気温を作成しています。

　このように、体感気温は天気と人の感覚や気持ちを分析したもので、日々の購買行動に直結した情報として活用することにより、来客店数の予測精度の高度化を図ることが可能となります。

　また、どのような経緯を辿ってその気温になったかによって、人の気温の感じ方は違うものとなります。例えば、初夏に気温が急上昇して30℃の真夏日になるケースに比べると、夏のさなかに猛暑日の35℃から気温が下がって30℃の真夏日になるケースの方が涼しく感じられます。このように同じ気温の水準であっても、その気温がどのような経過を辿ってそうなったかにより人の気温に対する感覚が異なることとなり、それを数値化したものが「実効気温」です。日本気象協会では、実効気温を加味して予測精度を高めています。

② AIによる需要予測の精度向上

　日本気象協会では、2014年度から実施していた「需要予測の精度向上・共有化による省エネ物流プロジェクト」において、食品ロスの削減のほかに需要予測モデルの高度化について成果をあげることができた、としています[11]。

　すなわち、人工知能（AI）技術を活用してSNS、POS、気象の各データの解析

97

第4部　気象ビジネス

を行い、需要予測モデルの高度化を進めた結果、以下の成果を上げています。

　ａ．AIを使い、気象パターンを「寒い」「肌寒い」「快適」「暖かい」に分けて売り上げを分析した結果、気象パターンごとの売れ筋商品を把握することが可能になりました。

　たとえば、２月の精肉の売上げでは、気温が上がると厚切りの焼肉（炒め物）用の肉が売れ、気温が下がると薄切りの鍋用の肉が売れる、との傾向が明らかになりました。

　ｂ．AIに価格、曜日、気象要件を取り込んで機械学習をさせることにより、売上げの推定精度を示す相関係数が0.7から0.87まで上昇し、その結果、日配品の需要予測や日次の来店客数予測の精度が向上しました。

第2章

気象ビジネス市場の分野別動向

　気象情報は、多岐に亘る産業において利用されていますが、代表的な産業と気象との関係は、図表2-1のとおりです。

　この章では、こうした業種で気象ビジネスがどのように展開されているかを、具体例を中心にみることにします。

1　食品と物流

(1)物流業界の諸問題

　本来食べることができる食品を廃棄する「食品ロス」(食品廃棄物)は、資源の無駄使い(もったいない)や排ガスの増加等、深刻な問題を引き起こしています。この食品ロスの5割は、流通段階で発生しており、その原因の1つは生産から小売りに至る一連のサプライチェーンにおいて、需要予測データが適切に共有されていないことによる、とみられています。

　また、宅配便業における人手不足に象徴されるように、生産年齢人口の減少の進行から流通業界の効率性の向上が喫緊の課題となっています。さらに、CSR(企業の社会的責任)の観点から、CO_2の排出量の削減による環境負荷の抑制が流通業界にも強く求められています。

　こうした物流業界が抱える諸問題に対応するために、気象ビッグデータ等の活用により食品ロスを削減するとともに、食品の輸送手段を陸送から海上輸送に切り替えるモーダルシフトの実証実験が行われています(モーダルシフトについてはひとくち memo 参照)[1]。

(2)食品ロスの現状と原因

　日本で、本来食べることができるにもかかわらず廃棄されている食品ロスは、年間約500〜800万トンと、実に世界全体の食料援助量(約400万トン)を大きく上回る事態となっています。また、需要量以上の商品を生産した結果、流通業等からメ

第4部　気象ビジネス

図表2-1　気象情報と主要な業界との関係

産業界	業界と気象との関係
食品と物流	流通段階で発生する食品ロス（食品廃棄物）の削減を指向して気象関連のビッグデータの活用が試行されています。
農業	日照、気温、降雨、降雪、湿度、霜、雹等、さまざまな気象条件により、作物の収穫量も品質も大きな影響を受けます。
建設、工場、プラント	建設工事や、工場・プラントのオペレーションの安全維持、作業の効率化のために気象情報は、極めて重要です。
水産	漁船の操業の安全性や漁獲高は、水温や、風、波、ウネリ等の状況に密接に関連しています。
道路、鉄道、航空、海洋	交通インフラ、交通機関の安全性やスケジュールは、気象状況に左右されることが少なくありません。
冷暖房機	エアコンや石油ファンヒーター等の生産、販売は、特に気温の状況に密接に関連しています。
再生エネルギー	再生エネルギーの効率的な生産は、太陽光、風況、水量といった気象条件に大きく依存しています。
スーパーマーケット、コンビニ	多くの品目で販売数と気温との間に密接な関連があり、また気象状況により来客数に影響があります。
飲料	HOT 飲料、COLD 飲料の販売状況は、各々気温と密接な関係があります。
アパレル、ファッション	アパレル等では、気温と販売数や、気温と販売シェアとの間に密接な関係があります。
健康、医療、ドラッグ	生気象学等により、熱中症、心筋梗塞、偏頭痛等、気象が個人の健康状態に与える影響の分析が進展しています。
レジャー、旅行	アプリで、登山、海水浴、野球、サッカー、ゴルフ、キャンプ、釣り、競馬・競艇等の気象情報が提供されています。

（出所）筆者作成

ーカーへの返品のための輸送が行われる結果、CO_2等が余剰に排出されています[2]。

　このような食品ロスは、特に、日々の売り上げが気象と関連が深い日配品（毎日店舗に配送される食品類）や、特定の気象状況（季節）に需要が集中する季節商品に多くみられ、返品、回収、廃棄、リサイクル等の「リバース物流コスト」が嵩む原因となっています。

　このような大量の食品ロスや返品が発生する一因は、メーカー、卸業者、小売業者の3者間で需要の予測に関するデータが十分に共有されていないことによる、とみられています。

　すなわち、現在、製（メーカー）・配（卸業者）・販（小売業者）各社では、独自

に需要予測を行っていますが、たとえば小売業者がPOS（Point Of Sales system、販売時点情報管理）でせっかく貴重な情報を収集しても、それは小売業者により活用されるだけで、卸業者、さらにはメーカーにまでフィードバックされているわけではありません。

ところで、ビジネスにおいては機会費用（opportunity cost）がきわめて重要な要素となります。すなわち、折角、需要がありながら在庫がないということでビジネスチャンスを逃すようなことがあってはなりません。そこで、製・配・販の各段階において安全のために実際の需要予測を多めに見積もることにより、結果として食品の需要が過大に予測され、これが生産量や発注量の過大予測を生んで、大量の食品ロスや返品の発生につながっている、と考えられます。

(3)天気予報で物流を変える

このように、食品ロスは、製・配・販の各段階で、企業の需要予測とその予測に用いるデータが十分に共有されていないために、サプライチェーンが分断されて全体最適の物流が実現していないことが主因となっています。

そこで、経済産業省は、次世代物流システム構築事業の一環として、需要予測を共有化してサプライチェーン全体を効率化することにより食品の廃棄や返品等を減少させるとともにCO_2を削減することを目指して、日本気象協会との連携で、天気予報で物流を変えるプロジェクトを2014年度から3年間に亘って実施しました。なお、次世代物流システム構築事業は、日本の最終エネルギー消費量の約2割を占める運輸部門の省エネルギー対策を、物流分野等の効率化に向けた先行事業の成果の展開により進めることを狙いとしています。

「需要予測の精度向上による食品ロス削減及び省エネ物流プロジェクト」と名付けられたこのプロジェクトでは、日本気象協会が、気象情報に加えてPOSデータなどのビッグデータを解析して高度な需要予測を行ったうえで、製・配・販の各社に提供します。そして、各社はこの需要予測を活用することによって、廃棄や返品の減少や、CO_2の発生の削減を目指すことになります。

①2014年度の取組み

2014年度の取組みとしては、季節商品の代表である冷やし中華つゆと、日持ちのしない食品の代表である豆腐を対象商品にして、対象地域を関東地方に絞って売り上げ、発注量、廃棄量、気象等のデータ解析と、需要予測手法の検討や解析が行われました。

具体的には、日本気象協会が気象情報に加えてPOSデータなどのビッグデータを解析して高度な需要予測を行ったうえで、これを製・配・販の各社に提供します。

第4部　気象ビジネス

プロジェクト参加企業は、この需要予測を活用して廃棄や返品等を減少させ、また、商品輸送の削減によりCO_2の削減効果を発揮することができます。

　そして、この成果は、余剰に生産して食品ロスにつながっている冷やし中華つゆや豆腐の生産量を30〜40％削減できる可能性があり、また、これにより物流分野等で排出されるCO_2が削減できることが確認されました[3]。

②2015年度の取組み

　2015年度は、取組みを拡大して、プロジェクト参加企業を増やすとともに、対象商品をメーカー段階では大幅に増加させ、小売り段階では小売業が扱う全商品に拡大し、また、対象地域は全国に広げられました。

　そして、AI技術を用いた新たな解析手法により、来店客数や曜日、特売等で売上げの変動の大きい小売店の需要予測の実証実験が行われました。2014年度には、解析に基づく気象予測の利用により生産活動を効率化できることが確認されましたが、2015年度は、前年度の成果を用いて実際に生産量の調整が実施されました。

　この実証実験により、①食品ロスの20〜30％削減、②商品輸送により発生するCO_2の半減、それに、③AI技術による消費者の購買行動解析の成功、といった成果を上げることができました[4]。

a．気温予測によりトラック輸送から海上輸送に

　2015年度の実証実験においては、返品、食品ロス削減に加えて、配送の効率化の成果を上げることができました。ペットボトルコーヒーを遠方に配送する際に、気温の1週間予測をもとにした需要予測では、リードタイム上、トラックで配送せざるを得ない状況にあります。しかし、トラック輸送は環境負荷が大きく、またトラック業界においては人手不足が深刻化しています。

　そこで、日本気象協会の気温予測やECMWF（ヨーロッパ中期予報センター）が提供するデータの利用により、2週間の気象予測を作成して、それに基づいて輸送計画を早期に決定することによって、ペットボトルコーヒーの配送手段をトラックによる陸上輸送から海上輸送へシフトする「モーダルシフト」が実現しました。

　その結果、貨物1トンあたりのCO_2の排出を、実に48％削減することに成功しています。

　また、海上輸送においては、日本気象協会が各船舶の航海ごとに海上風、波浪、海潮流といった海象予測を配信して、船会社が燃費消費量の最小化となる航路計画と、決まった時間に到着する定時性を確保した航速計画を策定できるよう、サポートしています。

モーダルシフト（modal shift）は、ロジスティクス（物流活動）の用語で、貨物輸送の手段をトラック輸送から船舶や鉄道等の大量輸送機関に切り替えることで、CO_2の排出を削減することをいいます。なお、モーダルは、様式の、という意味です。

2014年度の輸送機関別分担率（トンキロベース）をみると、トラック50.6％、内航海運44.1％、鉄道貨物5.1％、航空貨物0.3％となっていて、トラック輸送が最大のシェアを占めています[5]。

モーダルシフトの推進は、CO_2削減のために重要な課題となっていますが、このところのトラックの運転手不足の深刻化を軽減するといった効果からも注目されています。

このように、船舶や鉄道による輸送は、営業用トラックよりも CO_2排出量原単位が小さい（トラックに比べて鉄道は約1/6、船舶は約1/3）ことや、労働力不足への対応となること等の利点があります。

しかし、その一方で、トラックによる輸送は、車両の大きさによりさまざまなロットを選択することができ、また立地による制約はなく、ドアツードアでの対応が可能である、等の特性を持っています。

したがって、モーダルシフトを検討する際には、モーダルシフトが可能な貨物は何か、どの地域でモーダルシフトが可能か等、貨物の性質と輸送条件を勘案することが必要となります[6]。

b．AI技術により消費者の購買行動を解析

2015年度の実証実験によるAIを活用した購買行動解析では、POSデータ、SNSデータ、気象データの解析を行い、需要予測モデルの高度化を進めた結果、次のような成果が得られました。

ⅰ　小売店における全商品の売り上げデータと気象の関係を分析することにより、気温との関連性が高く企業において需要予測による効率化が見込まれる優先カテゴリーとして、飲料・鍋物等があることが明確になりました。

ⅱ　AI技術を活用した汎用的な需要予測モデルにより、小売店における来店客数予測の精度が従来の解析手法に比べて約20％向上しました。

ⅲ　Twitterの位置情報付きツイート情報から、人はどのような気象条件の時に「暑い」、「寒い」と感じるのかを分析し、より商品の需要に直結する、体感的な暑さ・寒さを表す体感気温を作成することができました。

第4部　気象ビジネス

たとえば、豆腐の売上は気象と連動していますが、「どのくらいの気温か」というよりも「どのような経過を辿ってこの気温になったか」の方が重要であることが明らかとなりました。

そして、これを定式化することによって、需要を推定して余剰生産量やCO_2を削減できることが分かりました。

③2016年度の取組み

プロジェクトの最終年度となった2016年度は、参加企業をさらに拡大したほか、メーカーと小売業者との需要予測の共有という新たなチャレンジに取り組んだ結果、次のような成果が得られました[7]。

　i　需要予測をさらに高度化するとともに、メーカーと小売業者が豆腐の需要予測を共有することによって「見込み生産」をCPFRによる「受注生産」に転換する実験を行った結果、欠品することなく豆腐の食品ロスはほぼゼロとなる効果を確認することができました（図表2-2）。

ここで、「CPFR」（Collaborative Planning, Forecasting and Replenishment）とは、製・配・販が相互に協力して、商品の企画・販売計画（Planning）、需要予測（Forecasting）、在庫補充（Replenishment）を協働して行い（Collaborate）、欠品防止と在庫削減を両立させることを目指す取組みをいいます。

　ii　対象商品を増やすとともに需要予測を高度化することによって、前年を超える最終在庫の削減効果を確認することができました。

　iii　2015年度は、プロジェクトにより構築したシステムから最適航路情報と2週間先気温予測情報を提供することにより、ペットボトルコーヒーの配送手段をトラックによる陸上輸送から海上輸送へシフトするモーダルシフトでCO_2を削減する成果を上げました。

一方、2016年度は、オペレーションの改善や需要予測情報の利用等によるモーダルシフトの一段拡大から、さらに多くのCO_2の削減に成功しています。

④プロジェクトの展開

2014年度から始めた次世代物流システム構築事業におけるこのプロジェクトは2016年度で終了となりましたが、日本気象協会ではこれをもとにプロジェクトのビジネス化を進めています（第4部第1章1参照）。また、経済産業省は、サプライチェーン全体のムダを削減する取組みを引続き応援していく、としています。

なお、日本気象協会は、「天気予報で物流を変える取り組み」に賛同した企業や団体が、商品需要予測の情報をもとに生産、配送、在庫管理等を行っている企業であることの意思を表明するためのマークを「eco×ロジ」マークとして制定しました[8]（図表2-3）。なお、eco×ロジは、エコロジーとロジスティック（物流）の

図表2-2　需要予測の共有による食品ロスゼロの実現のイメージ

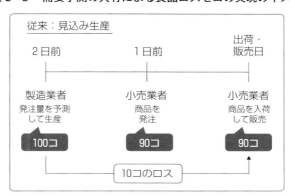

（出所）経済産業省「気象情報等を用いた需要予測で食品ロスゼロを実現しました」プレスリリース、2017.6.5.

合成語です。

　日本気象協会では、この取組みに賛同した企業や団体が、「eco×ロジ」マークを商品ラベルやトラックや船、企業Webページ等に印字することにより「環境に配慮して事業を行っている企業」であることが広く理解されることが期待できる、としています。また、同協会ではこの取組みへの参画企業がさらに拡大することを目指して、今後ともこうした活動を継続して行く方針です。

図表 2-3　日本気象協会が制定した「eco ×ロジ」マーク

（出所）日本気象協会「日本気象協会、天気予報で物流を変える取り組み「eco ×ロジ」マークを制定」ニュースリリース2017.2.13

2　農業

(1)農業と気象

　農業は天気次第、といわれるように、作物の収穫量も品質もさまざまな気象条件により大きな影響を受け、それにつれて価格も大きく変動します。そうした気象条件には、日照、気温、風、降雨、降雪、湿度、霜、雹等があります。

　また、日本の食料自給率（カロリーベース）が昭和40年度の73％から大きく低下して近年では40％前後と先進国の中では最低の水準となり、輸入に大きく依存する姿となっている状況にあって、海外の気象が輸入農産物の供給に大きな影響を及ぼすケースも発生しています。

(2)気象予測を活用した農作物のリスク管理

　以下では、農業分野における気候リスクへの対応について、具体的なケースを中心にみることにします。
①山形県農業総合研究センターの検証
ⅰ　水稲の刈り取り適期の予測
　水稲の刈り取り時期を的確に予想することは、刈り遅れによる品質低下の防止や乾燥調製施設の稼動準備等のためにきわめて重要です。

　従来、こうした予測は平年値を用いて行われてきましたが、山形県農業総合研究センターでは、平年値の代わりに気象庁の1か月先までの気温予測値を利用すると、どの程度、刈り取り適期の予測精度が向上するかの検証を行いました[9]。

第2章　気象ビジネス市場の分野別動向

図表2-4　水稲の警戒気温

時期	警戒気温（7日間平均）	懸念される症状
7月中旬から8月上旬 （幼穂形成期～出穂期前）	20℃以下	障害不稔発生
8月上旬（出穂期）	20℃以下	障害不稔発生
8月上旬から8月下旬 （出穂期～登熟初期）	27℃以上	高温登熟障害

（出所）気象庁、国立研究開発法人農業・食品産業技術総合研究機構「気候予測
　　　情報を活用した農業技術の高度化に関する研究」共同研究報告書平成
　　　23～27年度、2016.3、（原典）東北農研

ⅱ　水稲の刈り取り適期と気温の関係

　水稲栽培では、出穂後の日平均気温の合計（積算気温）が一定の基準に達する時期が刈り取り適期の目安となります。

　ところで、気象の予測値を活用する場合は、過去事例のシミュレーションを行うことにより事前に予測の特徴、精度、有効性などを確認したうえで、予測を利用することができます。ここで、過去事例のシミュレーションとは、過去の予測値を用いて事前に有効性を検証することをいい、こうした検証によって適切な気候リスク管理を実施することが期待できます。

　そこで、水稲の刈り取り時期の予測に平年値を使った場合と、気象の予測値を使った場合の過去事例のシミュレーションを行った結果、従来の気温平年値を用いた予測に比べて、気温予測値を用いた方が刈り取り適期の予測精度が大きく改善することが確認されました。

　こうしたことから、山形県の米づくり情報では、2014年から気温予測値による方法を用いた刈り取り適期を発表しています[10]。

②気象庁と農研機構との共同研究

　気象庁は、農業分野における気候予測情報を用いた気候リスク管理の成功事例の創出を目的として、農業・食品産業技術総合研究機構（農研機構）と共同研究を行っています[11]。

　ここでは、農業分野における気候リスクへの対応の2つのケースをみることとします。

ケース1：気温予測を使った水稲の冷害・高温障害対策

　米どころの東北地方では、夏の気温変動が大きく、水稲もたびたびその影響を受けてきました（図表2-4）。このため、穂を低温から保護するために田に張る水を深くする深水管理といった技術が活用されています。そこで、東北農研および岩手

107

第 4 部　気象ビジネス

県立大学は、1 週間先までの気温予測等を用いた農作物警戒情報を作成してウェブサイトにより利用者に提供しています。

　しかし、深水管理等は相当の準備期間を要することから、もっと早い時期から気温リスクを把握できれば、対策をより効果的に行うことができます。そこで、この共同研究では、異常天候早期警戒情報の確率予測資料 2 週目（予測発表日の 8 日後から14日後までの気温の予測）を使って情報を試験的に提供しています。たとえば、水稲への低温・高温の影響が懸念される 7 日間平均気温20℃以下、27℃以上の確率が20％以上となった場合には、次のような注意を呼び掛けるメッセージが表示されます。

　「この先の高温に注意してください。

　8 月15日頃からの 7 日平均気温が27℃（高温障害発生の目安）を上回る確率が57％と高くなっています。なお、この時期の平年の確率は20％です。

　最新の情報に注意してください。

　危険期予測（平年値参考）

　8 月 6 日（出穂期）〜 9 月 4 日（黄熟期）の終わりまで」

　このように、予測された確率に加えて平年の出現確率も記述することによって、平年と比べたリスクの高まりを知らせています。たとえば、予測確率が20％であっても、平年の出現確率が 5 ％であれば、リスクが平年の 4 倍に高まっていることとなります。

ケース 2 ：気温予測を使った小麦赤かび病対策

　赤かび病は、小麦の生育にとって最も重大な病害です。高温多湿な日本では、赤かび病が発生しやすく、いざ発生すると小麦の収量低下や、小麦粒中にかび毒を蓄積させます。

　小麦は、開花期に赤かび病に感染しやすく、その対策として開花期に薬剤防除を行うことになります。防除実施日が開花期からずれるほど発病度は高くなることから、開花期予測が特に重要です。そして、小麦の開花期を予測するためには、気温の予測が必要となります。

　そこで、農研機構では、HP で、「リアルタイムアメダスを用いた麦の発育ステージ予測」として、2 週間先までの気温予測を使った小麦の開花期などの発育ステージ予測を提供しています。具体的には、リアルタイムアメダスをもとにアメダス地点毎に小麦の出穂期と成熟期を予測した結果が、毎日午前 4 時前後に web サーバにアップロード（更新）されます。運用期間は 1 月から 6 月までで、ユーザーは発育の促進・遅延を平年値と比べながら見ることができて、適切な栽培管理を行ううえでの判断材料として活用することが可能となります。

（3）農業ICT、アグテック、スマート農業、精密農業

　日本における少子高齢化の進展は、農業にも大きな影響を与えています。これまでの日本の農業は、農作業に関わる人々が長年培った経験と勘で、安定した収穫量と高品質の維持に努めてきました。

　しかし、農作業者の高齢化が急速に進行するなかで、今後ともこうした経験等に依存し続けることは期待できません。このような状況にあって、特に農作物の生産が、天候に大きく左右されることなく、収穫量も品質も安定的に維持、向上させることが重要であり、そのためには、ICTの力を活用することが不可欠となっています。こうした背景から、「農業ICT」が大きく注目されています。

　なお、農業ICTの類似語として、アグテックやスマート農業があります。

　このうち、「アグテック」（またはアグリテック）は、農業にICTを活用して効率化を図る、との意味で、農業（Agriculture）と技術（Technology）の合成語です。アグテックは、フィンテック（金融とICTの合成語）のように、ある産業分野とICTの融合を表すXテックの1つです。なお、アグテックは、農業分野を手掛けるベンチャー企業を指すこともあります。

　一方、「スマート農業」は、農水省が掲げている用語で、第4次産業革命における基盤技術であるIoT、ビッグデータ、AI、ロボットを農業分野で活用することにより、超省力・高品質生産や農産物のサプライチェーン全体の最適化を実現する新たな農業を意味します。

　また、「精密農業」（Precision Farming）という用語もありますが、これは農業の作業サイクルである次の4つの各段階を的確に行い、先行きの営農戦略を計画して農作物の収量および品質の向上を目指す農業管理手法を意味します。

①観察：肥沃度や排水状態、農作物の成長の観察
②制御：施肥量、農薬施用量、灌水量等の調節
③収穫：収量や品質を記録
④解析：農作業結果の解析

（4）IoT、ビッグデータ、AI

　ICTがいかなる形で農業に活用されているかの具体的なケースをみる前に、どのようなテクノロジーが農業に使われているかを概観しておきましょう。

　農業ICTのドライバーになるテクノロジーは、IoT、ビッグデータ、AI、それにクラウドコンピューティングです（IoT等のコンセプトについては第2部1、2章、第4部第1章参照）。なお、こうしたテクノロジーは、第4次産業革命の中心となるテクノロジーです。

109

第4部　気象ビジネス

① IoT

「IoT」（Internet of Things、モノのインターネット）は、さまざまな物体（モノ）にセンサーや制御装置等の通信機能を持たせて、インターネットにこれを接続してデータを通信する技術をいいます。

IoT によりセンサー等が収集したデータを分析、活用することによって、自動認識、自動制御、遠隔計測等を行うことが可能となります。

IoT が ICT を代表するテクノロジーの1つにまで発展した背景には、センサー技術の高度化とネットワーク通信の高速化・低コスト化、コンピュータの処理能力の向上・低コスト化の3つの要素で革新的な進歩がみられていることがあります。特に、センサーの能力向上と超小型化が目覚ましい進展をみており、多様なデータをスピーディかつ低コストで送信できることが IoT 活用の大きなバックボーンとなっています。

これを農業分野でみると、農業では、圃場（ほば、田畑、農園）の気象データや、圃場ごとの作物の生育状況など現場情報を把握することが、適切な育成管理の実施や栽培方法の改善にとって特に重要となります。こうしたことから、圃場の状況把握のための各種センサーが開発されています。このようなセンサーネットワークは、農業分野における IoT 活用の典型例である、ということができます。

② ビッグデータ

ビッグデータは、これまで一般に考えられてきた以上に、大容量で、また多様なデータを意味するとともに、そうしたデータを分析してビジネスに有効活用する仕組みを意味します。

これを農業分野でみると、豊富かつ高精度な気象予測データにセンサーが把握する圃場の状況に関する各種データを合わせて解析することにより、気象と土壌、農作物の関係を把握することができます。

③ AI

AI（Artificial Intelligence、人工知能）は、人間が行う各種問題のソリューションを見出す作業や、画像・音声の認識等の知的作業を行うコンピュータプログラムを作る科学技術です。

これを農業分野でみると、ビッグデータをもとにコンピュータが自ら学習するといった機械学習、さらにはディープラーニングによって圃場ごとに施肥量や灌水量等の調節を行うといった高度な判断が可能であり、これにより最適な栽培管理の実践を通じて収量の向上を指向することができます。

なお、農水省が設置した AI 農業研究会において「AI 農業」（アグリ・インフォマティクス、農業情報科学）のコンセプトが提示されています。

110

AI農業は、AIを用いたデータマイニング等の最新の情報科学等に基づく技術を活用して、短期間での生産技能の継承を支援する新しい農業です。ここで、「データマイニング」とは、ビッグデータを分析してさまざまな関連性（相関）やパターン、異常値等を見出すプロセスをいいます。

　具体的には、センサーによって取得した作物情報・環境情報と、篤農家（とくのうか、熱心で研究心に豊んだ農業家）の気づき、判断の情報を的確に統合することにより、篤農家の経験や勘に基づく「暗黙知」を文章、図表、数式などによって説明、表現することを可能にするよう「形式知化」し、農業者の技能向上や新規参入者の技能習得に活用する農業です。

④クラウド

　クラウドは、「クラウドコンピューティング」の略称で、ユーザーがサービスの提供者から情報処理機器や情報処理機能の提供を受けますが、ユーザーがどの施設から、また、どの機器からサービスの提供を受けているかを意識する必要のない方式です。

　これを農業分野でみると、農業従事者は、クラウドを活用することにより、パソコン、携帯、スマホ、タブレット端末等から、いつでもどこからでもネットワークを通じてサービス提供者（ベンダー）が用意したサーバーにアクセスして、必要とするさまざまな情報、データを入手することができます。

ひとくちmemo　人工衛星、ドローンによるリモートセンシング

　IoTが持つ機能であるリモートセンシングを活用して、人工衛星やドローンを使って空から農地を観測するケースがみられています。

・人工衛星

　人工衛星を使ってのリモートセンシングは、農業収穫時期や品質等の情報や、気象災害による被害情報の収集を通じて農業生産性の向上に利用されています。

　現在、農家は、農業作業者が農地を見回って農作物の生育状況のチェックや収穫時期、収穫高の予測をしていますが、農地の規模が大きい場合には、このように人手で農地の状況を漏れなく確認することは事実上困難です。

　農業作業者の減少と個々の営農者が経営する農地の規模拡大が進行するなかで、人工衛星でのリモートセンシングは、こうした課題を解決する手段として、先行き一段の活用が期待されています。

　たとえば、青森県では、人工衛星からの水田の撮影と地上のアメダスで観測した出穂後積算気温のデータ等とを合わせて収穫時期は何月何日がベストであ

第4部　気象ビジネス

る、といった収穫適期マップを作製しました。そして、それに沿って収穫した結果、青森県のブランド米である「青天の霹靂」は、青森県産米として初の食味ランキング特Aを取得しています[12]。

　また、たとえば衛星画像で栄養条件が過剰な稲を判別して次の年に「この水田は肥料をこれぐらい減らそう」といった施肥計画を数値的に行う、といったことも考えられます。

・ドローン

　ドローンでのリモートセンシングは、低空から高頻度で観測可能であり、コストが安く小規模農業者でも導入できることから、このところ活用するケースが増加傾向にあります。

　たとえばドローン・ジャパン（DJ）株式会社は、米をはじめとする農業生産者の栽培を「見える化」して、その技術を広げ伝承するために、2017年4月よりドローンを活用したDJアグリサービスを篤農家、東京大学農学者、ドローンエンジニアとの協働で開始しました[13]。

　DJアグリサービスは、次の4つのサービスで構成されています。

①リモートセンシングサービス

　ドローンによる各圃場、作物、生育の画像データの収集

②クラウドサービス

　ドローンが収集した圃場のデータをクラウドで管理、解析

③データ提供サービス

　農業アプリのユーザーにドローンにより収集したセンシングデータや生育状態を見える化したデータの提供

④レポートサービス

　生産者・生産契約者向けにドローンにより収集したセンシングデータをもとに作物の生育状態を見える化する圃場レポートの提供

　DJアグリサービスの開発に協力した農家の農薬や化学肥料に頼らない産米が「ドローン米：パックご飯」として販売されています。なお、このパックご飯のラベルに記載されたQRコードからドローンにより空撮したそのご飯が作られた田園風景や圃場の映像をみることができます。

(5)スマート農業とビッグデータ

　農林水産省は、2013年に「スマート農業の実現に向けた研究会」を立ち上げて、ロボット技術やICTを活用して超省力・高品質生産を実現する新たな農業である「スマート農業」の推進について検討を行っています[14]。

この研究会の検討対象の１つに、ビッグデータを活用して予測や生産性の向上を図る方向性が示されています[15]。

それによれば、１つは、圃場のセンサー等から得られるビッグデータを解析し、圃場毎に最適な栽培管理方法を提示すること、また、もう１つは、気象のビッグデータからリスクを予測し、事前の対策を実現すること、が考えられ、こうしたビッグデータを駆使して戦略的な生産に結び付けることが期待できる、としています。

ビッグデータ解析に基づく最適な栽培管理のケースとしては、さまざまなセンシング技術により、微気象（地表付近の気象）、土壌、生育等の各圃場のリアルタイムデータが取得可能になり、データに基づく圃場のきめ細かな管理が可能になります。

また、ビッグデータを解析することによって、これまで認識できなかった気象と生産との間の複雑な因果関係を解明し、最も収量・品質が良くなる管理を実現することが期待できます。

さらに、さまざまな病害虫による被害画像を蓄積して、これと気象データに基づく発生予測と組み合わせることによって、病害虫への早期対応を実現することができます。

(6) 農業 ICT の具体例

以下では、民間気象事業者や IT ベンダー等が IoT、ビッグデータ、AI、クラウドを農業においていかに活用して農業関係者に提供しているか、具体例を中心にみることにします。

① IoT ＋クラウド

○日本気象協会の営農支援システム

日本気象協会では、「てん蔵」の名称で農作業の効率化を支援するクラウド型のサービスを提供しています[16]。

具体的には、水田や畑の位置情報をもとにして、その最寄りのアメダス地点の観測データと天気予報、１ km メッシュ単位での水稲生育予察、イモチ病発生予察、害虫の発生予察等、個人専用の各種予察・予測情報を提供することによって、農業者の防除作業等をサポートしています。

「てん蔵」には、個人専用ページ（ID、パスワードで識別）をカレンダー形式で表示する「お天気カレンダー」機能があり、アメダスの観測データや入力した作業履歴の農業日誌をデータベースとして作成できるほか、そうしたデータを過去５年分、閲覧することが可能です。日本気象協会では、こうした機能により過去事例を踏まえた「振り返る」農業の実現が期待できる、としています。

「てん蔵」へのアクセスは、パソコン、スマホ等により圃場から可能で、また、

第4部　気象ビジネス

掲示板・メール同報機能を持つことから、普及所、防除所・JA などの情報発信者と農業者との情報共有ツールとしても活用することができます。

○ NTT グループの農業×ICT の取組み

NTT グループでは、農業従事者、流通・加工事業者、消費者の三位一体で農業の課題に取り組むとともに、グループ連携、パートナー連携等による価値の増大を目指して、IoT、AI、セキュリテイ等のテクノロジーを農業に応用する検討を進めています[17]。

このうち、気象関係をみると、生産関係では、水田向け・畑向け等のセンサーシステムの活用や気象情報の収集、気象予測があり、また、流通関係では、収穫期予想技術等があります。

たとえば、熊本県長洲町でのトマト施設栽培における産地経営支援システム開発の実証事業では、トマトの生産量全国1位の熊本県の気象に対応する最適なトマト栽培技術を確立して、収量、所得を10%増加することが取組みの1つにあげられました。

その具体策としては、施設園芸に利用するハウス面積全国1位の熊本県のハウス内に設置したセンサーから収集したデータや気象情報、ノウハウを集積して分析することにより、熊本県の気象に適した栽培方法を確立する取組みが行われています。

そして、これに対する ICT の活用は、NTT ファシリティーズの agRemoni（アグリモニ）のサービスと NTT テレコンの通信サービスを使い、NTT スマートコネクトのクラウド上にハウス内のデータを蓄積して「見える化」します。

agRemoni は、農業施設用環境モニタリングサービスで、農場の栽培環境の最新データや一日の状況が、パソコンやタブレット端末で確認でき、また、温度、湿度、その他各種センサーに対応して、農場内に異常が発生した場合には関係者に警報メールを送信するほか、栽培記録をまとめて管理して指定の時間に日報メールを送信する、といった機能を持っています。

これにより、温度や湿度があらかじめ設定した閾値（いきち、限界値）を超えるとハウスの管理者にその情報を通知したり、遠隔から窓を開ける、というような機器の遠隔制御を行って、トマト栽培の収量及び品質の向上を図ることができます。

○ NEC の農業 ICT ソリューション

NEC は、さまざまなセンサーや端末等をネットワーク化する M2M 技術を施設園芸向け監視サービスに活用して、農業 ICT クラウドサービスを提供しています[18]。ここで「M2M」（Machine to Machine）とは、機械同士をつなぐことを意味し、機械間で直接データを交換、処理することにより、人間が行っていた作業を機械に任せて効率化を図ることが可能となります。

図表 2-5 農業 ICT クラウドサービス

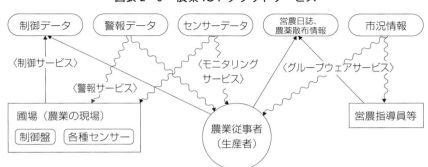

（出所）NEC「NEC の考える農業 ICT のソリューション」をもとに筆者作成

　具体的には、センサーから現場の環境データをクラウドで収集、蓄積して、そのデータを活用することにより、収量・収穫時期予測の精度向上や適地・適作生産化の判断、遠隔からの状況把握を行う、というものです。

　農業 ICT クラウドサービスによる個々の機能は、次のような内容となります（図表 2-5）。

a．圃場監視

　圃場に設置した環境センサーが検知した温度・湿度・炭酸ガス・日射等の環境情報を定期的にクラウドで収集することにより、ハウス内の状態をいつでもどこからでもユビキタスの環境でパソコンやスマホから確認することができます。また、ハウス内で高温・低温等の異常警報を検出すると、ユーザーに対して即時にメールで連絡されます。

b．圃場制御

　複合環境制御盤や灌水制御盤、炭酸ガス制御盤とクラウドを連携させることにより、遠隔から必要なタイミングでハウス内の制御が可能となります。

c．営農支援（グループウェア）

　作業履歴や収穫量等を営農日誌に入力することができます。これによりユーザーは、実績の管理や、過去の記録と比較することで今後の作業改善等に活用することができます。

　また、農薬の一覧表から実際に散布した農薬を選択して農薬散布記録簿に記録しておくと、その内容を帳票として出力することができるほか、農薬の規定回数や量をオーバーしそうになった時に警告が発せられる等、農薬散布の管理向上を図ることができます。

第4部　気象ビジネス

○ルートレック・ネットワークス社

　ルートレック・ネットワークス社は、最新の ICT 技術を活用することにより誰にでも点滴灌漑を導入するようにした ICT 次世代養液土耕栽培システム「ゼロアグリ」（ZeRo.agri）を開発、販売しています。

　点滴灌漑は、パイプに水と液体肥料を通して、パイプにあけられた穴から点滴のようにして水と肥料を必要なポイントめがけて供給する農法で、50％以上の国土が砂漠のイスラエルで開発された農法です。

　この点滴灌漑という農法の活用によって収穫量が上がり、また節水ができますが、これには高度のノウハウと多大の労働時間の投入が必要となります。しかし、AIを搭載した自律型点滴灌漑システムのゼロアグリを使用すると、日射センサー、土壌センサーから採取した日射量や土壌水分量等のデータから水と肥料の最適値を導出して、作物の生長に合わせて自動的に灌水と施肥を実行することにより土壌内の環境を作物に合わせて最適化することができます。

　同社では、これにより、栽培作物の収穫増大と品質安定化、省力化が実現するとともに、水の枯渇問題や多施肥による環境問題を解決するエコシステムとして活用することができる、としています。

○ KAKAXI 社

　KAKAXI 社は、農地に簡単に設置できて各種データを低廉に取得することができる農地 IoT モニタリングデバイス「KAKAXI」を開発、リースしています。

　KAKAXI は、気温、湿度、日射量センサーを内蔵していて、オプションで雨量計も接続できます。これにより計測されたデータは、デバイスに内蔵された3G 通信でクラウドにアップされ、ユーザーは web 経由によりパソコン、タブレット、スマホ等で容易にデータを確認することができます。なお、3G とは、第3世代のモバイル端末の通信網です。

　また、KAKAXI には太陽光発電で稼働するカメラが内蔵されていて、定期的に農場を撮影した写真や動画を消費者のアプリに配信して、農地を可視化することにより消費者に生産現場を知ってもらうこともできます。

○フィールドサーバ、パディウォッチ

　イーラボ・エクスペリエンス社は、センサーネットワークを応用したシステム設計・製造・コンサルティング会社です。同社が開発した農業アプリを活用することによって、これまで圃場に行かなければ確認できなかった環境状態や作物の生育状況等の情報をスマホやタブレット等の端末で遠隔確認することができます。

　また、各種センサーデバイスを通じて得られた環境データ、栽培データ、気象データ等のビッグデータを AI を用いて解析することによって、栄養価や機能性が高

く安全、安心な農作物の生産の実現を目指しています。

同社の主力製品は、フィールドサーバ（FieldServer）とパディウォッチ（Pad-dyWatch）です。

このうち、フィールドサーバ（農業用圃場計測モニタリングシステム）は、農業現場で必要とされる圃場の環境情報や作物の生育状況を常時、遠隔からスマホやタブレット上でモニタリングできるシステムです。

そして、フィールドサーバから得られる次のようなデータを活用して的確な栽培管理を実現することができます。

機　能	採取するデータ等
土壌環境の測定	CO_2測定、土壌温度、土壌水分、土壌 EC（電気伝導率）等
環境測定	温度、湿度、日射
病害虫のリスク管理	凍霜害やカイガラムシの被害等を予測し、注意報をプッシュ通知

また、パディウォッチ（水稲向け水管理支援システム）は、水田センサーを使って水位情報等をスマホやタブレット端末上でモニタリングできるシステムです。これにより、経営コストの約３割を占める水田管理労務費の削減と労力の効率化が図られ、水田の大区画化へのステップにつながることが期待できます。

パディウォッチは、次のような機能を具備しています。

機　能	内　容
センサーリング技術＋天候予測	水稲生産に重要な水位、水温の計測・蓄積を行うほか、地上部の温度・湿度の変化も記録することが可能です。
データサイエンス技術	高温登熟対策、病虫害雑草予察、収穫時期予測、作物種別水管理等をデータ解析して、効率的に水田を管理することができます。なお、登熟とは、穀物の種子が次第に発育するプロセスをいいます。
ロボット技術	水位の自動コントロールや、給排水等をスマホで一括管理することが可能です。

○富士通の Akisai（秋彩）

富士通は、ICT により農業経営を効率化させるクラウド「Akisai（秋彩）」を提供しています[19]。なお、Akisai は、実りの秋と果樹、野菜の彩りをイメージして付けられた名前です。

このサービスは、農作物の栽培や施設園芸、畜産業務における生産活動や経営を包括的に支援することを目的としていますが、その１つに農業従事者等に対してアプリを提供して農業現場における気象条件等の農作物の環境をデータとして収集・分析して、農作物の最適な生育に資する各種情報を配信する機能があります。

その活用例をみると、オリックス、富士通、それに種苗メーカーの増田採種場の3社の合弁会社の（株）スマートアグリカルチャー磐田では、ビニールハウス内に温度や湿度等のセンサーを配置、センサーで計測したデータをネットワーク経由でAkisaiに蓄積して、遠隔操作によって必要に応じて窓の開閉、換気扇の稼働調節等を行い、野菜の生育に最適な環境作りをサポートしています。

○デンソーのProfarm

自動車部品サプライヤーのデンソーは、その技術力とトヨハシ種苗の栽培ノウハウとを融合させて、ハウス栽培における環境制御システム「Profarm」（プロファーム）を提供しています。

Profarmの中核となるサービスは、ハウス内外の各種センサーにより環境要因を計測し、温湿度調節やCO_2濃度調節などを行うことにより、光合成を促進させて収穫量の増大につなげる、というものです。また、ユーザーはハウスの状態をリアルタイムにスマホ、タブレット、パソコンで遠隔モニタリングができ、クラウドを利用したデータの蓄積・分析が可能です。

ひとくちmemo　トヨタの農業カイゼン

農業労働人口の減少と耕作規模の拡大の中で、異業種が培ってきた技術により農業分野の効率化を向上させる動きが進展しています。

自動車業界でトップの座にあるトヨタでは、「豊作計画」の名称で、自動車事業で培った生産管理手法や工程改善ノウハウを農業分野に応用したクラウドサービスを開発しました[20]。

豊作計画のシステムでは、複数の農業従事者が多数の水田を効率的に作業できるように、日ごとの作業計画が自動的に作成され、個々の農業従事者は、スマホやタブレット端末に配信された作業計画とGPSで作業すべきエリアを確認して作業を開始します。

そして、農業者は作業の開始、終了時にスマホ等で連絡すると、クラウドによりデータベースに情報が集まり、広域に分散する農作業の進捗の集中管理や、作業日報等の自動作成が可能となります。

豊作計画は農作業だけでなく、それ以降の乾燥、精米等もカバーしており、稲品種、稲作エリア、肥料、天候、作業工数、乾燥条件等の作業、収量、品質のデータを蓄積、分析することにより、より低コストで美味しい米づくりに活用することができます。

また、豊作計画は、現在、米生産農業法人が主に取り扱う米、麦、大豆など

┃　に対応していますが、先行きは、技術革新を進めて対応作物を広げる予定です。

② IoT ＋ AI

　AIを農業分野に活用することにより、センサーから収集したデータや高精度気象予測データといったビッグデータをもとにして機械学習、ディープラーニングを使って病虫害・凍霜害予測をはじめとするさまざまな予測を行うことができます[21]。また、AIの活用により、気象データや生長点の温度積算をもとにして収穫時期を予測することも可能です。

　具体的には、ビッグデータをAIで解析して特徴量を抽出します。こうしたビッグデータには、環境データ（日射、温度、湿度、土壌水分、土壌温度等）や気象予測データ、病虫害データ等があります。

　そして、それをベースとして環境の特徴を抽出した抽象モデルを構築したうえで、機械学習、ディープラーニングにより、抽象モデルを予測モデル、最適モデルにして、病虫害予測、凍霜害予測、収穫時期予測、高温登熟予測に活用することができます。

○ボッシュのスマート農業ソリューション

　テクノロジーカンパニーのボッシュの日本法人であるボッシュ（株）は、センサーとAIを使用したハウス栽培トマト向け病害予測システム「Plantect TM」（プランテクト）を開発、販売しています[22]。

　ハウス栽培のトマトの収穫量に悪影響を及ぼす主な要因として病害の発生があり、病害の予防には、感染の前後での予防薬の散布が効果的であると考えられています。したがって、病害の兆候を逸早く把握して、農薬の散布量とタイミングを適切に管理することが重要となりますが、病害発生の予兆を把握することはきわめて難しい、とされています。

　こうしたハウス栽培のトマト農家が抱える悩みに対するソリューションとして、ボッシュはテクノロジーを駆使した病害予測システム、Plantect TM を開発しました。ボッシュでは、ハウス栽培のトマトを対象とした Plantect TM の病害予測機能を、今後、イチゴ、きゅうり、花卉等の農作物に展開するとともに、ハウス栽培市場で高い可能性を持つ日本以外の国でも販売したい、としています。

　ボッシュの病害予測システムは、次のように ICT を駆使しています。

i　IoTとクラウド

　ハウス内環境を計測するハードウェアには、センサーが備えられており、温度、湿度、日射量、CO_2のデータがセンサーにより計測、収集されます。

　そして、センサーにより計測、収集されたデータは、クラウドに送信されます。

第4部　気象ビジネス

ユーザーは、アプリを通じていつでもどこからでもスマホやパソコン等からクラウド内のデータにアクセスして、リアルタイムでハウス内環境を確認したり、過去のデータを参照することができます。

ii　AIの活用

ボッシュは、100棟以上のハウスのデータとAIの技術を用いて病害予測アルゴリズム（問題の解法としての計算式）を開発しました。センサーにより計測、収集されたデータは、このアルゴリズムにより病害発生に関わる要素に解析され、気象予報と連動して、植物病の感染リスクの通知をアプリ上に表示します。

このように、Plantect TMは、ボッシュ独自のアルゴリズムと各ハウスのモニタリングデータをもとに病害の発生を予測するため、各ユーザーはカスタマイズされた病害の予測が可能となります。

ボッシュによれば、過去データの検証で92%という高い病害予測精度を記録した、としています。

③ビッグデータ＋クラウド

○ハレックスの「攻めの農業」

a．気象ビッグデータの活用

総合気象情報会社を標榜するハレックス（株）では、従来のコストダウン、リスク回避による作物の安定的生産という「守りの農業」から、今後は気象ビッグデータを活用した収穫予測等による戦略的農業経営による競争力（付加価値）を持つ農業生産という「攻めの農業」に転換することが必要であるとして、さまざまな形で気象情報等の提供による農業支援を行っています[23]。

すなわち、同社では気象情報の第一次的活用による強風害、水害、干害等の気象災害回避の支援といったリスク管理から、情報を二次的に加工することにより定量的に生産、品質管理をするとともに、耕地の風、水、熱、光といった環境をコントロールする農業を展開するために、気象情報を活用した農業の経済性、競争力の向上が必要である、としています。

そのためにハレックスでは、単なる気象情報を提供するサービスだけではなく、農業経営に関わる経営意思決定を支援するサービスを提供することを目指していく方針です。

具体的には、中長期予報（1ヶ月、3ヶ月、暖・寒候期）や過去の気象観測データから傾向を把握して、それを農業経営（営農）戦略の立案に役立てる一方、短期予報（週間、72時間、24時間）や極短期予報（6時間、1時間）等を参考にして記録データ（気温経過図、積算温度図、日照時間等）を作成して、それを日常の営農管理に活用するとともに、データベースに蓄積して営農戦略に活用する、といった

循環的な作業により、定量的に管理する農業への転換を目指すことができる、としています。

b．アピネス／アグリインフォの「MY圃場」

アピネス／アグリインフォは、JA全農がインターネットで全国の生産者やJAグループ等に、農薬や病害虫、雑草、技術・営農情報等を提供する会員制営農情報サービスですが、そのサービスの1つにハレックスとの連携による1kmメッシュ気象情報があります[24]。

1kmメッシュで提供される気象情報は、天気、気温、湿度、降水量、風向き、風速です。そして、ポイント予報の提供地点は、全国の約40万地点で、地図情報を活用して国内のどの地点でも毎時予報（72時間先まで）と、週刊予報を確認することが可能です。

アピネス会員は、自宅や圃場等を最大10か所選んで「MY圃場」として登録しておけば、その地点の最新予測を得ることができます。

また、アピネス／アグリインフォは、2017年9月からユーザーが抽出条件を指定することにより、単年および過去5年平均の気象データグラフを簡単に作成できる「気象グラフかんたん作成機能」サービスが追加される等のパワーアップを実現しています[25]。

c．坂の上のクラウドコンソーシアム

みかんの一大産地である愛媛県では、農業ICTの実験が、地場の農家とICT企業、気象事業会社を構成メンバーとする「坂の上のクラウドコンソーシアム」と名付けられた団体によって実施されています[26]。

このコンソーシアムでは、農業用気象予報システムの開発と、それを利用した気象変動による収穫減のリスク回避や、農作業の効率化によるコストダウンの手法等についての実証事業を行っています。なお、農業用気象予報システムの開発は、国の補助事業である「農業界と経済界の連携による先端モデル農業確立実証事業」に採択されています。

コンソーシアムが行う実証事業は、気象ビッグデータ解析による高精度気象予報を活用した農業用気象システムを構築し、システムの精度向上や露地栽培におけるリスク回避、コストダウンの手法、農業従事者が安価で利用しやすいシステム等を検討することを目的としています。

また、このプロジェクトは、ハレックスが運用する気象予測情報を農業用気象システムに取り込んだ低廉でユーザーにとって使い勝手の良い高精度天気予報システムを開発することを指向しています。

ハレックスでは、気象庁の気象ビッグデータを分析することによって、1平方キ

図表 2−6　坂の上のクラウドコンソーシアムによる農業用高精度天気予報システムの主な機能

機能	内容	効果
アラート機能	農作物に致命的なダメージを与えるような雪・高温、低温障害が予知されるとメール等で連絡。	ユーザーはスマホのアプリを使ってどこでも簡単に気象情報を入手することが可能。
分析機能	日々の予報だけでなく、圃場ごとに気温、湿度、降雨量等のデータを蓄積。	詳細な分析が可能となり、気象情報と上手に付き合いながら農業を行うことが可能。
グラフ機能	圃場ごとに気温、湿度、降雨量等などをグラフ化。	圃場の状況把握や予測が簡単にでき、計画的な農作業が可能。
マップ機能	1km単位のピンポイントで気象変化を予測。	地図上で気象の変化を確認することが可能。

（出所）総務省「農業用気象予報システムを坂の上のクラウドコンソーシアムが開発」2015.1.29、12.9をもとに筆者作成

ロメートル単位で30分ごとに72時間先までの天気を日本中、どこでも即座に予測できる気象予測システムを構築しています。

そして、これを農業用気象システムに組み込んで、圃場ごとにピンポイントで何ミリの雨が降るか等、圃場に密着した圃場単位の細かな気象予報と高温・低温障害予知等のアラート機能を重視したシステムの運用を指向しています。

こうしたシステムの活用によって、詳細な雨予報による肥料やりの時期や灌水時期、防除用殺菌剤の散布時期の調整、作業人員の調整等、さまざまな効果が表れています（図表 2−6）。

ひとくちmemo　アグリバイオメトリクス

　NECは、指紋・顔認証技術を応用して大量の果物の一つ一つを、写真から高精度に識別できるアグリバイオメトリクス（農産物照合技術）を開発しました[27]。このアグリバイオメトリクスの活用により、たとえ同一品種であっても個々に異なっている表皮の紋様を手がかりに、果物を個々に識別することができます。

　NECでは、この技術を応用すれば、消費者や販売業者が手持ちのカメラで撮影するだけで、収穫や出荷の時点で登録しておいた写真と照合し、栽培記録や産地情報を確認することが可能となり、流通過程での偽装防止など、安全・安心なトレーサビリティの実現に役立てることができる、としています。

(7)農業データ連携基盤

①未来投資会議

2016年9月、総理大臣を議長とする「未来投資会議」が創設されました。未来投資会議は、未来への投資の拡大に向けた成長戦略と構造改革の加速化を図るため、成長戦略の司令塔として設けられたもので、日本再興戦略2016における第4次産業革命官民会議の役割も担っています[28]。

また、未来投資会議の下に主要分野別の構造改革徹底推進会合が設置され、ローカルアベノミクスの分野に農業があげられています。

そして、2017年3月に、農業ICT等、ローカルアベノミクスの深化を議題の1つとする未来投資会議が開催されました。この会議の席上、安倍首相は次のように述べています[29]。

「今後は、ベテランの経験と勘のみに頼るのではなく、生育状況や気象など様々なデータを活用することで、おいしく安全な作物を収穫でき、もうかる農業にしていく。このため、官民で、気象や地図などのデータを出し合い、誰でも簡単に使える情報連携プラットフォームを本年中に立ち上げる。必要なデータの公開を徹底することとし、IT本部の下で、その在り方を具体化していく」。

②農業データ連携基盤の構築

日本の農業の将来像は、データをいかに収集して、それを有効に活用するかにあり、それにはさまざまなシステム間の連携の実現が不可欠となります。

こうした背景から、農業の担い手がデータを使って生産性の向上や経営の改善に挑戦できる環境を生み出すため、データ連携機能やデータ提供機能を持つ「農業データ連携基盤」（農業データプラットフォーム）を構築することになりました[30]。この農業データ連携基盤は、内閣府の戦略的イノベーション創造プログラム（SIP）「次世代農林水産業創造技術」により、慶應義塾大学をはじめ民間企業等が連携して開発、構築を進めていくことになります。

農業データ連携基盤は、次のような内容となっています。

a．コンソーシアムの設立

メンバーは、ICTベンダー、農業機械メーカー、研究機関、農業者及び農業者団体等の農業分野に関係する多様な主体から構成されます。

b．システムの構築

パブリッククラウド上に構築して、ベンダーやメーカー等の異なるシステム間のデータ連携を可能にします。また、公的機関等が有する農業関連情報や、公的研究機関等が有する多様な研究成果に関するデータ等をプラットフォーム上に集約してオープンデータ、または有償データとして提供することを可能とします。

第4部　気象ビジネス

　なお、クラウドコンピューティング（クラウド）は、パブリッククラウドとプライベートクラウドに分類され、このうち、パブリッククラウドは、誰でもインターネットからアクセスしてデータセンターのサーバに保管されているソフトウェアやデータ等を利用できるタイプです。一方、プライベートクラウドは、限定されたメンバーだけが利用できる閉鎖的ネットワークで構築される単一の企業向けクラウドで、大企業により採用されることが多いタイプです。

c．機能

ⅰ　データ連携機能

　農業ICTベンダーや農機メーカー等の壁を越えて、さまざまな農業ICT、農業機械やセンサー等の間のデータ連携を可能とします。

ⅱ　データ共有機能

　一定のルールの下でデータを共有することができ、データの比較や生産性の向上に繋がるサービスの提供を可能とします。

ⅲ　データ提供機能

　土壌、気象、市況など、さまざまな公的データ等のオープンデータ、民間企業による有償データ等の蓄積を図り、無償または有償で農家に役立つ情報の提供を可能とします。

ⅳ　サービス連携機能

　1kmメッシュ気象予報、地図等、既に提供されている民間の有償サービスとの連携を図り、プラットフォームを介して個々の農業者が目的や時期に合わせてこれらサービスを利活用することにより、エビデンスベース農業の実現を図ります。

3　建設、工場、プラント

　気象現象とその予測は、建設工事や、工場・プラントのオペレーションの安全維持、作業の効率化のために重要な要素となります。以下では、民間気象事業者の（株）ライフビジネスウェザーが提供するサービスをみることにします。

(1)KIYOMASA

　（株）ライフビジネスウェザーは、安全建設気象モバイル「KIYOMASA」の名称で建設現場専用のパソコンやスマホ等向けの気象情報サイトを構築、提供しています。なお、KIYOMASAは、熊本城を築き、土木・治水・建築工事の神様と称される加藤清正公にあやかり命名されたものです。

　これにより建設現場の作業担当者は、空模様が悪化したら、パソコンやスマホ等

により現場から KIYOMASA のサイトにアクセスして、リアルタイムで現場の防災気象情報を閲覧することにより、今後の作業の段取りを決定することができます。

また、KIYOMASA には気象メール配信（アラートメール）機能が具備されており、作業中止基準に合わせて現場単位でアラート発信条件を設定することが可能です。そして、風や雨が作業中止基準を超えると予測されると、瞬時に現場監督および現場作業員にメールが自動配信され、タイムリーに作業を中止する、といった対応を行うことができます。

KIYOMASA の主な機能と特徴は、次のとおりです。

①安全・工程管理ツール

KIYOMASA は、局地豪雨や高度別最大風速の予測等をリアルタイムで配信する建設現場専門のコンテンツとなっています。

KIYOMASA のサイトは、パソコンやスマホ等で閲覧できますが、忙しい作業中に頻繁にチェックすることは事実上困難であることから、注意喚起自動配信アラートメールの活用が可能となっています。このアラートメールは、現場ごとに発信条件や配信許可曜日・時間、対応策をカスタマイズして設定することができます。

たとえば、A現場では、大雨警報が出された時に、B現場では、風速20 m／s 以上の強風が吹いた時に、というように現場の作業内容に照らしてどのようなリスクがあるかを勘案したうえで、現場ごとの工事中止基準に条件を合わせて登録することが可能です。そして、この注意喚起自動配信アラートメールにより、現場に対して気象の急変や警報等、作業可否判断材料を瞬時に通知します。

②現場専用サイト

ユーザーはアクセス一つで現場の注意報や警報、豪雨の予測を得ることができます。また、雨雲の接近具合をトップページでチェックして重要な情報を把握したうえで、さらに詳細な予測を閲覧することができます。

なお、トップページは、軍手でも使いやすいようにデザインされ、また、注意報や警報は情報発令時にのみリンクが赤くなる、というように現場の声をきめ細かく汲み上げて設計されています。

③豪雨降雪予測

1日288回の更新により1 k m メッシュで60分先の豪雨と降雪を予測します。5 km メッシュ予測では局地的な変化を捉えることはできませんが、1 km メッシュ予測では降水量判別を1 mm 単位で行うことができます。

ユーザーは、現場の緯度と経度を登録しておくことによって、常に現場上空の気象変化を監視できることから、特に局地豪雨や集中豪雨対策に有効です。

降水の強さの予測は16段階で行われ、10 mm 以下については1 mm 単位で判別

第4部　気象ビジネス

されることから、2ミリや4ミリといったコンクリートの打設可否判断に活用することができます。また、設定ランク以上の降水が予測される時には、瞬時に現場に自動配信メールで通知されます。

④雷予測

気象庁の情報をもとに、10分毎に、発雷・落雷の状況を捉えて、60分先までの発雷と落雷の予報が次の4レベルで提供されます。

レベル1	まだ発雷していないが1時間以内に発雷する可能性
レベル2	発雷しておりまもなく落雷するおそれ
レベル3	周辺で落雷のおそれ
レベル4	周辺で激しい落雷が多発するおそれ

⑤24時間先局地予報

ユーザーが緯度と経度の登録をすると、24時間先までの局地気象予測が1時間ごとに更新のうえ提供されます（5kmメッシュ）。

天気、降水量、風向・風速、気温の4つの要素がリアルタイムで予報され、安全管理のほか、降水によるコンクリート打設可否判断や、気温変化によるコンクリート配合材料の調整等、工程管理や品質管理に役立てることができます。

また、現場ごとに降水量や風速の条件をアラート機能で設定すると、メールで降水と風速が通知されます。

⑥高度別風速予測

高さ600mまで10mピッチで高度別の風速（市区町村単位）を確認することが可能です。これにより、たとえば高さ120mの地点で作業をする時や、クレーン作業をする時に、具体的な風の強さから作業可否判断を行うことができます。

風速は、平均風速のほか、最大風速、極くまれに吹く最大瞬間風速が分かり、工事の仕様や作業中止基準に基づいた判断が可能です。

こうした風速予測は、クレーンなど建設機材の転倒対策や、台風や爆弾低気圧が接近した際の工事チーム編成の決定に有効となります。

⑦WBGT熱中症危険度予測

暑熱環境の国際指標であるWBGT（暑さ指数）に基づく熱中症危険度予測が通知されます。ここで「WBGT」とは、気温のほか、汗の蒸発に関連する湿度や気流、輻射熱（照り返し）を考慮した指標です。WBGTの単位は気温と同じ℃（摂氏度）で表わされますが、湿度などを考慮している影響で実際の気温よりも低くます。

この指数から、熱中症危険度を3時間ごとに、また最高ランクに合わせた対策コ

メントが表示されます。このほか、気象条件からヒヤリとしたりハットとする注意散漫状態を予測した「ヒヤリハット指数」も表示され、朝礼等で活用することができます（熱中症とWBGTについてはひとくちmemo参照）。

熱中症とWBGT

職場における熱中症による死傷者数は、2013〜2017年の5年間で年平均485人（うち死亡19人）にのぼっています。これを職業別にみると、建設業（全体の29％）が最も多く、続いて製造業（同24％）、運送業（同18％）となっています[31]。

WBGTは、こうした熱中症の危険度を示す指数として活用されています。なお、WBGT（Wet Bulb Globe Temperature、湿球黒球温度）の名称は、WBGTが3種類の測定装置で測定された値をもとに算出されることから来たものです[32]。

温度の種類	計測方法	計測値の評価
黒球温度	黒い球の中に温度計を入れて計測	弱風で日なたにおける体感温度に近い
湿球温度	水で湿らせたガーゼを温度計の球部に巻いて計測	皮膚の汗が蒸発する時に感じる涼しさ度合いを表す
乾球温度	通常の温度計で計測	気温そのままを表す

そして、WBGTは次の算式で導出します。

屋外	WBGT（℃）＝0.7×湿球温度＋0.2×黒球温度＋0.1×乾球温度
屋内	WBGT（℃）＝0.7×湿球温度＋0.3×黒球温度

厚生労働省では、職場における熱中症予防の目安として、作業内容ごとに熱中症になる恐れのあるWBGT基準値を図表2-7のように示しています。

これによれば、身体作業強度（代謝率レベル）が高い作業ほどWBGT値を下げて行う必要があり、WBGT値が図表の基準値を超え、または超える恐れのある場合には、WBGT値の低減、休憩時間の確保等の対策を徹底する必要がある、としています。

第 4 部　気象ビジネス

図表 2−7　熱中症と WBGT 基準値

区分	身体作業強度 （代謝率レベル）の例	WBGT 基準値			
		熱に順化している人 （℃）		熱に順化していない人 （℃）	
安静	安静	33		32	
低代謝率	・軽い手作業 ・手及び腕の作業（小さいベンチツール、点検、組立てや軽い材料の区分け）	30		29	
中程度代謝率	・継続した頭と腕の作業（くぎ打ち、盛土） ・腕と脚の作業（トラックのオフロード操縦、トラクター及び建設車両） ・軽量な荷車や手押し車を押したり引いたりする	28		26	
高代謝率	・重い材料を運ぶ ・シャベルを使う ・大ハンマー作業：のこぎりをひく ・硬い木にかんなをかけたりのみで彫る	気流を感じないとき 25	気流を感じるとき 26	気流を感じないとき 22	気流を感じるとき 23
極高代謝率	・おのを振るう ・激しくシャベルを使ったり掘ったりする	23	25	18	20

（出所）厚生労働省「STOP! 熱中症クールワークキャンペーン」2017.4、p.3をもとに筆者作成

(2)canary

　（株）ライフビジネスウェザーは、自動音声システムと KIYOMASA のコラボレーション商品として、canary（カナリー）の名称で気象注意喚起伝達システムを提供しています。

　計測器で実際に観測したデータや気象警報を現場作業員に伝達する場合には、現場監督者が作業員に大声で通知するのが一般的です。

　しかし、canary の気象注意喚起伝達システムを活用することにより、KIYOMASA の現場ピンポイント予測によりゲリラ豪雨や落雷、突風などが予想される場合や地震や津波が発生した場合には、気象災害シグナルが発信され、現場に設置されているサイレンやスピーカー、回転灯により作業員に音声や光で危険を通知することによって、現場作業員全員に瞬時に注意喚起をすることができます。

第2章　気象ビジネス市場の分野別動向

図表 2 - 8　気象注意喚起伝達システム canary によるシグナル

シグナルの種類	シグナルが発せられる場合
豪雨予測シグナル	60分先までに豪雨が予測された場合
暴風予測シグナル	24時間先までに暴風が予測された場合
竜巻・突風危険度シグナル	60分先までに竜巻などの激しい突風が予測された場合
落雷危険度シグナル	60分先までに落雷の危険が予測された場合
津波シグナル	気象庁から津波注意報・津波警報が発令された場合
地震シグナル	現場近傍で地震が観測された場合

（出所）（株）ライフビジネスウェザー資料

　安全建設気象モバイル KIYOMASA を使用して連動できる気象災害シグナルの
ラインナップは、図表 2 - 8 のとおりです。

4　水産

(1)気象庁

　気象庁は、漁業気象通報として、NHK のラジオ第 2 放送を通じて 1 日 1 回、主
に日本近海で操業する漁船に対して気象情報を提供しています。その内容は、各地
の天気や船舶の報告、漁業気象（全般海上警報の範囲内の台風、高・低気圧、前線
などの実況および予想）から構成されています。

　また、気象庁は漁業無線気象通報として、気象業務法の規定により、漁船の操業
の安全に資するための気象官署と漁業用海岸局との相互気象通報を提供しています。
具体的には、気象官署からは、漁業用海岸局と交信している漁船が行動している海
域の気象や津波に関する情報を通報する一方、漁業用海岸局からは、漁船の行った
気象観測の成果および気象などによる災害に関する情報が通報されます。

(2)民間気象事業者

　民間気象事業者からも漁業関係者に対して、水温や、風、波、ウネリ等の情報を
提供するケースがみられます。

①アース・ウェザー

　（株）アース・ウェザーでは、漁業者向けの会員制 web サイトで、人工衛星で観
測された画像を 1 日15回以上の頻度で配信するほか、人工衛星による画像を合成し
て雲除去を施した水温図を 1 日 2 回、配信しています。

　一方、風、波、ウネリの状況については、192時間先までを12〜24時間間隔で予

129

測、解析してユーザーのパソコンのモニター上に表示します。

また、同社では、気象予報士による独自の気象海象予報や天気図により、全国の主要38漁港の気象予報のほか、ユーザーが選択した船の操業ルートの気象予測を192時間先まで提供しています。

②漁業情報サービスセンター

一般社団法人漁業情報サービスセンターでは、漁業者向けにパソコンや携帯を通じて、漁業資源の効率的利用や漁業経営の安定を図ることを目的に、海洋ナビゲータ「エビスくん」の名称で、漁業向けの海況・気象情報を提供しています[33]。

エビスくんにより提供される情報は、海の状態がどのように変化し（海況）、そして、いつどこでどのような魚が漁獲され（漁況）、それがどこの市場にどれほど水揚げされて値段がいくらか（市況）といった水産関係者にとって関心の高い項目を網羅しています。

このうち、海況については、人工衛星を利用して、水温・水色の画像処理や、海面高度から推計した中層水温図や潮流図の提供を行っています。

また、気象情報については、波高・風予測、波高予測、風向・風速予測、気圧配置予測、台風進路予測が提供されます。

5 道路、鉄道、航空、海洋

交通に関連する気象情報は、気象庁のほか、さまざまな民間気象事業者がユーザーのニーズをきめ細かく吸い上げる形で提供しています。以下では、そうした気象情報を、道路、鉄道、航空、海洋に分けてみることにします。

(1)道路

道路を管理する主体は、時々刻々と変化する気象状況を把握して、道路の維持、管理を実施する、という重要な任務を担っています。

特に、突発的なゲリラ豪雨や豪雪、吹雪等は事故や渋滞発生の原因となり、道路の維持、管理に特化した気象予測情報が一段と重要になっています。

日本気象協会では、道路気象予測サービスとして、再現性の高い気象予測情報を提供することによって、豪雨や大雪、吹雪等による交通障害対策をサポートしています。

具体的には、交通障害の要因となる気象要素について、局地気象を精度高く再現できる独自気象予測モデルを活用して、特定地点とインターチェンジごとの詳細なポイント予測や、作業判断支援情報、路面状態、視程等の道路管理に特化した気象

予測情報を提供しています。

　また、札幌総合情報センター（株）では、冬季道路交通情報システムを構築しています。そして、このシステムをもとに地域密着の気象情報システム「SORAMIL（そらみる）」が開発され、札幌市の道路管理等の分野で活用されています[34]。

　同社の気象・防災関連事業は、次のような内容から構成されています。

① 　ロードヒーティング運用状況の監視、故障時初期対応
② 　市内に開設される雪堆積場への搬入車両をICカードで管理するシステムと搬入量を測定するシステムの開発ならびに運用
③ 　融雪槽等の融雪施設への搬入車両をICカードを用いて管理するシステムの開発ならびに運用
④ 　除雪の計画設計支援、予算執行状況集計分析支援等を行うシステム開発ならびに運用

(2)鉄道

　気象庁では、気象業務法の規定により、鉄道気象通報として、鉄道事業施設の気象、津波等による災害の防止および鉄道事業の運営に資するために気象官署と鉄道関係機関との間で相互気象通報を行っています。

　これにより、気象官署からは、気象や地震・津波に関する情報が通報され、一方、鉄道機関からは、雨や雪、地震などの観測の成果などが通報されます。

　また、ウェザーニューズ社は、トータルダイヤグラム・マネジメントサービスをコンセプトとして、風、雨、雪、凍結等の気象リスクに対する安全確保と、時間通りに運行する安定輸送のバランスを最適化できるよう、次のようなサービスの提供により列車の安全・安定運行をサポートしています。

① 　運行計画支援サービス

　強風や強雨が発生する場所、時間帯、程度の予測情報を数日前から連絡することにより、指令員・乗務員の体制強化や事前運休や間引き運転の決定等の最適な運行計画作りを支援します。

② 　運行管理支援サービス

　局地的な豪雨に対して、解析雨量（気象レーダーや雨量計から補正した1 kmメッシュの推定値）を利用することにより、点ではなく線（面）での監視を実現し、雨量計と雨量計の間をすり抜けるような豪雨を早期に捕捉します。

③ 　冬季保守計画支援サービス

　降雪量や雪のピーク時間帯等の予測情報を提供することにより、投排雪保守用車の運行要否やその運行時間帯の判断を支援します。

(3)航空

　気象庁では、航空機の安全で効率的な運航を支援するために、航空気象情報として、空港・空域・高層天気図、航空路火山灰等、各種の情報を航空会社等に提供しています[35]。

　まず、飛行計画を立てる際に、出発空港、目的空港、代替空港、途中経路近辺の空港の気象実況および到着時刻までの予報、そして航空路の風、気温、雲の状況などの情報が提供されます。

　また、霧、雪、低い雲により滑走路がよく見えないと、航空機は安全に離着陸できません。そこで、着陸直前の航空機には、その空港の風や視程などの気象実況が提供されます。

　空港における気象観測で観測される気象要素は、風、視程、滑走路視距離、大気現象、雲、気温、露点温度、気圧、降水量、積雪または降雪の深さの10種類です。

　一方、航空機の安全な運航には、乱気流や雷が大敵です。このほかにも、着氷や火山灰など航空機の飛行に影響を与える現象はたくさんあります。そこで、飛行中の航空機には、飛行空域の悪天情報等の気象実況が提供されます。

　特に、火山爆発に伴う噴煙は、航空路の視程の悪化、火山灰に含まれる硬い粒子によるコックピットの窓の損傷、機体の損傷、さらにはエンジンの停止といった重大な事態を招来する恐れがあります。東京航空路火山情報センターでは、火山の噴煙により航空機の運航に影響がある場合、またはそうした事態が予想される場合には、航空路火山灰に関する情報を発表し、国内外の関係機関に提供しています。こうした情報をもとに航空機は飛行経路の変更等により、火山灰を回避することができます。

　その他、空港に駐機している航空機や空港施設の安全確保のためにも、航空気象情報が提供されます。

ひとくち memo　ドローン向けの気象情報

　日本気象協会では、ドローン向けの気象情報を提供する機能の研究開発を行っています[36]。これは、国立研究開発法人の新エネルギー・産業技術総合開発機構（NEDO）が公募した「ロボット・ドローンが活躍する省エネルギー社会の実現プロジェクト」で採択されたものです。

　ドローンの活用を物流、インフラ点検、災害対応等の分野で促進させるためには、ドローンの安全飛行を妨げる突風や豪雨、雷、霧等の気象現象を、より詳細かつ正確に把握・予測することが重要となります。

第2章　気象ビジネス市場の分野別動向

　　そこで、日本気象協会では、ドローンが飛行する高度100〜200 m の気象現象を把握・予測する技術と、ドローン向け気象情報を提供する技術を開発しています。

　　具体的には、①安全な離着陸時間帯とルートの選択による安全な飛行、②ルートやバッテリー消費の最適化による省エネ飛行、それに、③複数機体の効率的な運用計画による省エネ運用、の３項目を実現する気象情報を目指しています[37]。

　　そして、日本気象協会がハブとなりドローン運航に必要な気象情報を一括して提供する機能を開発して、ドローン運航管理システムやドローン運用者がこの情報を利用することにより、安全で効率的なドローンの運航の実現に貢献したい、としています。

(4)海洋

①気象庁

　船舶の運行では、荒天時の安全性や海上輸送における経済性の確保が重要となります。気象庁では、日本近海の船舶向けに低気圧等に関する情報とともに、海上警報や海上予報を発表しています。

　このうち、海上警報は、台風、暴風、強風、風、濃霧、着水等の警報で、一方、海上予報は、天気や風向、風速、波の高さ等の予報です。

　また、これらの海上警報や海上予報に加えて、津波や火山現象に関する海上警報や海上予報を提供しています。

②民間予報業者

　気象条件は、港湾荷役や船の運航、海上工事等の海洋ビジネスに大きな影響を与えます。そこで、民間予報業者では、海洋ビジネスに関わる業者に対してさまざまな気象予報の提供とそれをベースにした最適航海ルート等の情報提供を行っています。

　こうしたサービスは、いくつかの民間予報業者が提供していますが、ここではそのうちの（株）ウェザーニューズと日本気象（株）のサービスを取り上げます。

○（株）ウェザーニューズ

　ウェザーニューズ社は、海上、上空、地上、スポーツ、生活関連の気象サービスを提供する総合気象情報会社ですが、当初は海洋気象の専門会社として発足しただけあって、海上関係では、航海気象、海上気象等、多岐に亘る気象サービスを展開しています。

ａ．航海気象

ⅰ　Optimum Ship Routeing サービス：個船別パフォーマンスモデルとウェザーニ

133

第4部　気象ビジネス

ューズの気象・海象予測をもとにして一航海毎に設定された時間コストと燃料コストの最適バランスといった経済的目標と安全航海の実現を支援するサービスです。

ii　Oceanrouteing サービス：各船の安全許容限度内を維持しながら最も早く到着するための航路を推薦するサービスです。

iii　Coastal Ship Routeing：3 〜 5 日の沿岸航海におけるコスト対スケジュールの最適バランスの実現を支援するサービスです。

iv　Performance Monitoring サービス：航海中は、出航から最新の本船位置までの区間における本船性能解析を英国法等で採用されている Good Weather 手法により行うとともに、タイムロス、燃料消費量計算を行います。また、航海終了後は、出航から到着まで航海全体に渡る本船性能解析と、タイムロス、燃料消費量計算を行います。

v　Safety Status Monitoring サービス：最新の本船位置と気象・海象データ等の情報を監視、表示することにより、船舶の安全をシームレスに支援するサービスです。

vi　Performance Status Monitoring + Measures：運航管理の効率化、顧客満足度向上を支援することにより、利益拡大化を支援するサービスです。

vii　Emission Status Monitoring Service：気候変動・環境規制への取り組みを支援するサービスです。

b．海上気象

i　運航管理支援サービス：強風、高波等のリスクに対して、本船が出港できるかどうか、避難港まで行けるかどうか、安全に航行できるか等の判断を支援するサービスです。

ii　港湾荷役支援サービス：強風や突風に対して、各種観測ネットワークを用いて安全なクレーンオペレーションや結露、水漏れ厳禁等、効率的な荷役を支援するサービスです。

○日本気象（株）

a．港湾荷役の降雨対策

　雨に濡らしてはいけない商品を荷役等で扱う場合は、わずかな雨でも大きなリスクになります。このため、荷役業者は専門知識を持つスタッフを張り付けてインターネット等で情報を収集して降雨の状況を常時監視する必要がありますが、人件費が増加するうえに、専門的な知識がないと雨の接近を見逃すおそれがあります。

　そこで、日本気象（株）では、予報センターに常駐する気象予報士が、365日24時間、港湾荷役を行う施設付近の雨雲状況を監視することにより、夜間でもいち早く雨雲の発生や接近を察知して荷役業者に迅速に情報を伝えるサービスを提供して

います。これにより、荷役業者は、こうした情報を荷役の中断・再開の判断材料とすることができます。

また、荷役業者が作業計画を立てる場合の参考として、翌日までの１時間毎の降水確率や降雨の強さ等の予測情報を提供しています。

ｂ．船の運航や港湾管理、海上工事の波浪・風・濃霧対策

同社では、沿岸部から数十km先の沖合いまで、さまざまなポイントの時系列波浪予測や風予測を提供しています。これにより、運航会社や、防波堤新設工事とか消波ブロック据付工事等を行う海上工事会社は、こうした予測情報を運航管理における高波や暴風の事前把握や港湾作業の安全管理等に役立てることができます。

6　冷暖房機

気象庁は委託調査として、エアコンと石油ファンヒーター、石油ストーブの販売状況等と気温との関係についてサンプル調査を実施しています[38]。

こうした気温と販売状況等の関係と気候予測データを活用することによって需要を予測して、倉庫から店舗への商品配送やwebチラシ、メールマガジン等の発信を事前にタイムリーに行うことができます。

(1)エアコン

①気象庁の調査

エアコンについての調査結果をみると、東京都におけるエアコンの販売数のピークは平均気温が20℃を超える６月以降に現れています。

そして７月は、平均気温の変動とエアコン販売数の変動に強い相関があり、平均気温平年差＋２℃でエアコン販売数が約1.5倍に増加します。これは、暑さが本格化する以前の７月の段階で、気温が平年よりも高い（暑い）と消費者の購入意向が高まり、購買行動に移されるためと考えられます。

一方、８月も７月と同様に気温の上昇（下降）に伴うエアコン販売数増加（減少）の傾向には強い関係がみられますが、エアコンの販売の絶対数量は７月の半分程度です。これは、７月の段階で気温の上昇に伴って購買が進み、８月にはむしろ需要が減少するためです。

こうした７、８月においてエアコン販売数と平均気温平年差に相関があり、その中でも気温の上昇に伴う販売数増加の度合いは７月の方が大きいという特徴は、いずれの地域でもみられています。

一方、６月のエアコン販売数と平均気温平年差との関係については、東京都、大

阪府及び福岡県では相関がみられるものの、北海道や宮城県は相関が弱いという地域差があります。

　また、東京都におけるエアコンの修理件数は、22〜23℃を超えると急増し、特に修理件数の絶対数でみると、28℃付近を超えるところでピークとなります。このように、エアコンの修理は販売と異なり、平均気温の最も高い時期である7、8月にピークがみられます。これは、気温の上昇に伴いしばらく使用していなかったエアコンが稼働開始となることや、日頃使っていても暑さから稼働時間が長くなることにより故障が増えるため、と考えられます

②大手電機メーカーによる気温とエアコン販売との関係の分析

　エアコン業界では、10月から翌年9月を「冷凍年度」としています。これは、毎年10月以降に新製品を発売し、翌年の7月の販売ピークを目指していくという、エアコン商品の年度ライフサイクルからきているものです[39]。

　大手電機メーカーのパナソニックでは、気温とエアコン販売との関係について、次のようにみています[40]。

・基本的にエアコンの販売のピークは7月であり、業者にとって夏場の6、7月が勝負時で、8月には販売商戦はほぼ終息している。

・エアコン販売台数に対する気温の影響は6、7月に集中している。6月末から7月末の晴れ日数や気温、とりわけ真夏日の動向がエアコン業界の販売を大きく左右し、晴れや真夏日が土日のウィークエンド前に続くかどうかが極めて重要な要素となる。

・特に、7月の1か月間の売れ行き次第で年間販売量が大きく異なる。当社にとっては、7月の平均気温が1度低下すれば1〜2割程度の販売減が見込まれる、といった規模の数字となる。

・5〜7月間の販売量は年間販売量の約50％を占めており、かつ気温で大きく販売量が変化するため、エアコンの生産のコントロールは極めて難しいものになる。

・冬場においては、販売台数の顕著な変動はみられない。エアコン販売量の99％が暖房機能付のエアコンであるが、夏場に比べると冬場の気温が販売に与える影響は軽微である。

・最大販売月の7月と最小販売月の10・11月とでは、販売格差が7倍にもなる。

③民間業者のエアコン需要予報

　ドイツに本拠を置くGfK社は、マーケティングリサーチをビジネスとする企業ですが、その日本法人であるGfKジャパンは、2015年からエアコンの需要予報をHP上で公開しています[41]。

　これは、オープンデータである気象庁発表の7日平均気温の確率予測資料とエア

コンの POS データを掛け合わせたビッグデータ分析の一環として、エアコンの週間需要予測を行い、その結果を毎週木曜日に次週の需要の予測として発表する、というものです。

対象期間は、エアコンの販売数が多い 6 ～ 8 月で、2015年は関東・甲越を対象としましたが、2016年は関東・甲越のほか、東海・北陸・長野、近畿、中国・四国・九州に地域を拡大しています。

④気象データを活用したエアコンの効率運転

ダイキン工業では、ビルのエアコンに設置するコントローラーから計測した運転データとダイキン工業の管理センターとをインターネットで接続して、さまざまなサービスを提供していますが、その 1 つに遠隔空調省エネ制御があります。これは、日本気象協会が提供する各地域の気象予測データに基づいて、最適な省エネ自動制御を実現することによって、年間を通じた電力量削減を行うことを目的としています。

また、日本気象協会と都市再生機構（UR）、環境エネルギー総合研究所、インターネットイニシアティブ、中部電力は、UR 賃貸住宅で快適な低炭素化住宅の実現を目指して気温予測等にもとづきエアコンを制御する実証実験を実施しています[42]。

この実験は、日本気象協会が提供する気象データとエアコンに設置した IoT タップから収集した消費電力量や室内環境等のデータをもとにして、既存のエアコン適正稼働モデルを用いて、エアコンの効率運転について検証を行うことを目的としています。

(2)石油ファンヒーター、石油ストーブ

気象庁の委託調査のうち、石油ファンヒーターと石油ストーブについてみると、東京都における石油ファンヒーターや石油ストーブの販売数は、18℃を下回る10月頃から気温の下降に伴い増える傾向にあります。そして、12月までは気温の下降に伴い販売数が増加し続けます。こうした負の相関関係は、特に石油ファンヒーターで強くみられます。

また、平均気温でみても、1、2月の石油ファンヒーターや石油ストーブの販売数は12月と比べて減少します。そして、平均気温が上昇する 3 月末には販売数がほぼゼロとなっています。

7　再生エネルギー

太陽光や風力等の再生エネルギーと気象現象及びその予測とは、緊密な関連があ

第 4 部　気象ビジネス

ります。特に、太陽光や風力は、地域により大きく異なることから、気象予測が再生エネルギーの発電設備の設置場所の決定に重要な材料となります。

　また、電力会社は、火力発電等と合わせて、電力需要と供給量を常に一致させる需給制御による安定的な電力供給を行うために、日射量や風況等の予想を活用して再生エネルギーによる発電量を極力正確に予測することが重要となります。

(1)太陽光発電

①太陽光発電と気象衛星

　再生エネルギーの中でも、太陽光発電が大きなウエイトを占めています。しかし、電力業界では、目先の太陽光発電量が不明であるとか、明日の発電計画が困難である、といった問題を抱えています。

　そこで、気象衛星のデータの活用によって、この課題を解決することが考えられます[43]。

　2015年7月に運用を開始した気象衛星ひまわり8号は、2.5分ごとにデータを更新し（ひまわり7号比12倍）、500mの解像度を持ち（同4倍）、16バンドの観測ができます（同約3倍）。したがって、ひまわり8号を活用することにより、短い時間変動、細かい空間スケールの日射量の変動を捉えることが可能となり、高頻度・高解像度の日射量のデータを提供するサービスが可能となりました。

②関西電力

ａ．電力会社による初めての太陽光発電所

　2011年、関西電力と堺市の共同事業で、堺太陽光発電所が運転を開始しました。これは、電力会社により営業運転を開始したメガソーラーとして全国最初のケースです。

　関西電力グループは、その後も、若狭おおい太陽光発電所（営業運転開始2013年）、けいはんな太陽光発電所（同2013年）、若狭高浜太陽光発電所（同2014年）、有田太陽光発電所（同2015年）、山崎太陽光発電所（同2016年）で営業運転をしています。

　なお、このなかで有田太陽光発電所の定格出力は29,700kWで、関西電力グループの太陽光発電所としては最大規模となります。また、同発電所の年間発電電力量は、約3,100万kWhと一般家庭約10,000世帯の年間電気使用量に相当します。

ｂ．アポロンの開発

　太陽光発電は、日射量により発電量が大きく左右されます。電力会社は、電力需要と供給量を常に一致させる需給制御による安定的な電力供給を行う責務を負っていることから、太陽光発電量を極力正確に予測することが重要となります。

第2章　気象ビジネス市場の分野別動向

図表2-9　アポロンによる日射量と太陽光発電量の予測

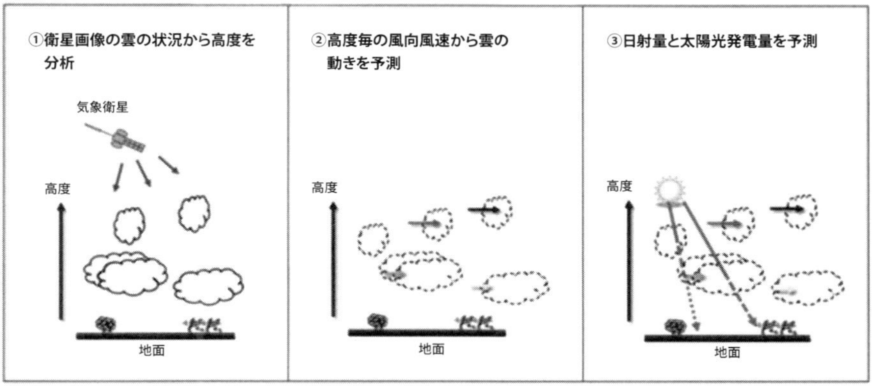

（出所）関西電力

　関西電力では、従来、天気予報の情報をもとに翌日の太陽光発電出力を予測していましたが、翌日予想は外れる場合があり、太陽光発電の更なる普及が進んだ状況のもとでの需給制御に懸念を持っていました。

　また、太陽光発電量を把握するために、気象庁の日射計のデータを活用してきましたが、観測点が少なく、日射計が無いエリアはすべて推測値となることから誤差が大きい、という問題がありました。

　そこで、関西電力は、気象庁が発信する衛星画像を利用して、数時間先までの発電量を予測できる太陽光発電出力予測システム「アポロン」を開発しました。

　アポロンは、気象衛星の画像から雲の種類と、1キロ四方ごとの雲の状況を分析するとともに、高度別の風データを使って雲の動きを予測することにより日射量の変動を予測します（図表2-9）。

　関西電力では、アポロンにより、予測した日射量を活用することで、3分刻みで3時間半後までの太陽光の発電量の変化を予測することにより安定的な需給制御が可能となり、太陽光による発電量の変化が電力系統に及ぼす影響を抑える効果が期待できる、としています。

③日本気象協会

　日本気象協会は、2016年から高精度、高解像度のエリア日射量予測サービスを「SYNFOS-solar 1 kmメッシュ」の名称で提供しています[44]。

　このサービスは、太陽光発電の出力変動に対して、最大72時間先までの30分ごとの日射量を全国1 kmメッシュ（1 km四方単位）で予測して、オンライン配信することを内容としています。

139

第4部　気象ビジネス

　日本気象協会では、このSYNFOS-solar 1 kmメッシュによるエリア日射量予測データは、太陽光発電システムの大量導入時に、安定的な電力需給制御を実現するための支援情報として活用することができるほか、一般家庭に設置された太陽光パネルなど特定エリア内に広く配置された分散型電源の出力予測に利用することにより、スマートグリッドの監視制御システムなどへ活用することが期待できるとしています。

　ここで「分散型電源」とは、一般家庭や商業施設の屋根に設置された太陽光発電システム等、地域内に分散する比較的小規模な発電設備をいいます。また、「スマートグリッド」は、ネットワークで電力の太陽光発電等の供給側と一般家庭・企業等の需要側を結んで、ネットワーク全体での需給バランスの最適化を目指す次世代送電網です。

　なお、日本気象協会は、2016年10月から日射量予測の信頼度情報サービスを提供しています[45]。これにより、最大72時間先まで30分ごとの日射量予測の信頼度を定量的に把握することが可能となります。

　天候に左右されやすい太陽光発電の出力変動等のリスクを考慮する必要がある電力会社は、このサービスにより、電力の需給計画を立てる上で、事前に他の電源の準備等を検討することができるようになります。

　また、日本気象協会では、気象衛星ひまわり8号からの観測データの活用によって地上の日射量を推定しています。しかし、従来の推定方法では、冬季の積雪地域での雲と積雪をリアルタイムに判別することが難しく、この結果、日射量を過小に推定するケースが発生していました。そこで、ひまわり8号が7号よりも観測波長帯の数が増えたことを活用して、これまで区別することが難しかった雲と積雪をリアルタイムに判別する技術を新たに開発しました。そして、これを2017年2月から衛星推定日射量サービスである「SOLASAT 8-Now」に活用することにより、地上の推定日射量の精度を従来より最大10%高めた情報を提供しています[46]。

　日本気象協会は、気象状況によって変動する太陽光発電出力に対してこうしたサービスを提供することにより、今後とも電力需給の安定運用に貢献していく方針である、としています。

④ EMSと気象の融合

　太陽光発電の効率化を指向して、太陽光発電パネルと照明や空調設備等の負荷設備をEMS（エネルギー管理システム）を活用して制御する試みが行われています。

　たとえば、（株）日立パワーソリューションズでは、ビルの屋上や駐車場等に設置した太陽光発電パネルおよび蓄電池から構成される自家発電設備と、ビルの照明や空調設備、エレベーター等の負荷設備を、自動制御機能付きのEMSを用いて制

140

御して、過去のデータと組み合わせて発電量と電力需要を予測したモデルを作成するとともに、太陽光発電設備を有効活用するための蓄電池の充放電や電力負荷の自動制御を検証する実証試験を行っています[47]。

すなわち、同社では、天候等の気象情報と過去の電力使用量データから1日の電力需要を予測するとともに、気象や日照等のデータから太陽光発電設備の1時間ごとや1日の発電電力量を予測して、電力の需要モデルを作成しました。そして、電力需要のピーク時に充放電や空調等の負荷を自動的に制御して、発電と電力使用を最適化する自家消費型太陽光発電設備高効率化システムの構築を指向する、としています。

ひとくちmemo　EMS（エネルギー管理システム）

EMS（Energy Management System、エネルギー管理システム）は、センサーやICT技術を活用して、電力使用量の可視化、節電のための機器制御、再生可能エネルギーや蓄電器の制御を行って、エネルギーの効率的使用を促進するシステムです[48]。

EMSは、管理の対象により、次のように分類されます。

EMSの種類		管理対象	管理内容の具体例
HEMS	Home EMS、ヘムス	住宅	太陽光発電機の発電量のモニターと発電効率化のための制御を行う。
MEMS	Mansion EMS、メムス	マンション	
BEMS	Building EMS、ベムス	商業ビル	温湿度の監視とボイラー、冷凍機、空調機の制御を行う。
FEMS	Factory EMS、フェムス	工場	
CEMS	Community EMS、セムス	地域	太陽光や風力等の発電所での電力供給と地域での電力需要の管理を行う。

(2) 風力発電

風力発電は、風力の変動により電力供給量が変動するという天候リスクを抱えています。

実際にも、日本の各地で立ち上げた風力発電事業のなかには、必ずしも順調とはいえないケースがみられています。これには、落雷や暴風による風力発電機自体の不具合といったメインテナンスの問題もありますが、それ以上に、想定したような

第4部　気象ビジネス

風力に欠ける「風況リスク」の表面化があげられます。

そこで、いかに風況を予測するか、また、風力発電の風車の設置場所はどこが最適かについて、各種の情報、サービスが提供されています。

①風況とは？

風況とは風の性質をいい、特に風力発電にとって最も重要な気象条件となります。

風力発電の開発に当たって収集する必要のある風況データは、風向・風速の1時間値で、少なくとも月別の平均風速と年間の風向出現率（16方位の方位毎の風向の出現頻度）です。

また、収集するデータの期間は、最低でも1年間は必要ですが、気象学的なトレンドを考慮するためには、過去約10年間の月平均風速や年平均風速のデータを収集することが望ましい、とされています[49]。

②風況予測の重要性

風力発電量は、風速の3乗に比例します。したがって、たとえ風速の予測誤差がわずかなものであったとしても、風力発電量の大きな誤差につながることになります[50]。

こうしたことから、精度の高い風況予測を行うことは、主として次の2点から極めて重要となります。

第1は、風力発電所（ウィンドファーム）の開発に当たっての地点の選定に際して最も重要な要素となるのは、なんといっても精度の高い風況予測です[51]（図表2-10）。

また、このほかに台風・乱流・落雷や着雪氷・塩等の自然条件や、当該地点やその周辺の土地の利用状況による規制や許認可への対応、騒音・電波障害・景観・生態系等の環境影響と地域住民の理解、送電線までの距離、風車機材・建設重機等の搬入道路の整備状況といったさまざまな条件を検討する必要があります。

風力発電所の地点を選定にあたっては、風力発電開発の候補となった地域の1、2カ所で1年間に亘る風況観測を実施してデータを収集します。そして、そのデータをもとに風況予測モデルを使って風況を予測して、風力発電事業が採算に合うかどうかを検討することになります。

第2は、電力供給を安定的に行うためには、伝統的な火力、水力等の電源と風力発電を最適にミックスしていくことが重要となりますが、そのためには、風力発電量とその前提となる風況を高い精度で予測する必要があります。

③風況マップ

環境省では、風力発電の導入に向けた検討の参考資料として、各地の風況変動のデータベース作成委託業務で作成したマップデータ（約500mメッシュ）を公開し

第2章　気象ビジネス市場の分野別動向

図表2-10　風力発電の導入時に考慮する必要のある自然環境の検討項目

検討項目	留意事項
風況（風向、風速）	風力発電の事業化のためには年平均風速が5〜6m/s（地上高30m）のサイトが望ましい。ただし、台風の襲来頻度の高い地域は留意が必要。
風の乱れ	複数地形に起因する乱流が卓越する地点は留意が必要。風車を複数基建設する場合、配置に起因するウエイク（風車間の相互干渉）にも留意が必要。
雷（特に冬季雷）	主に日本海側で発生する冬季雷は、放電エネルギーが非常に大きく放電継続時間が長いため、多発地域は留意が必要。
着雪、着氷	山岳地域等の高所や緯度の高い地域では、着雪、着氷に留意が必要。
塩害	沿岸域、洋上等では塩害に留意が必要。
砂塵（飛砂）	海浜地域等では砂塵（飛砂）に留意が必要。
地番、地形勾配	地番や地形勾配に留意が必要。

（出所）新エネルギー・産業技術総合開発機構エネルギー対策推進部「風力発電導入ガイドブック」
　　　　第9版2008.2、p.68をもとに筆者作成（原典）牛山泉「風力エネルギー読本」2005

ています。

　この委託業務では、日本全国における風力発電事業の風況変動リスク評価のための風況変動データベースを作成しています。なお、このデータベースは、風速および風向のみを考慮したデータベースで、各種社会条件や事業採算性等は考慮していません。また、データベースにより表示される風況データは観測に基づいたものではなく、シミュレーションによって算出された誤差を含んだデータであり、データベースを利用する際は、この点に留意する必要があります。

　一方、伊藤忠テクノソリューションズ（株）では、シミュレーション技術を使って独自に開発した局地気象評価システムであるLOCALSTMを活用して、風況評価手法の特許を取得しています[52]。

　LOCALSTMでは、風速、気温、水蒸気、空気密度、気圧、雨、雪等、すべての気象要素を考慮した基本方程式が組み込まれています。同社では、この風況評価手法を活用することにより風力発電機の最適設置位置を見出すことができる、としています。

④洋上風力発電と風況マップ

ａ．洋上風力発電の特徴

　日本の洋上風力発電の導入可能量は、太陽光の10倍、地熱と中小水力の100倍、10電力会社が所有する電力設備容量の約8倍と、極めて大きいポテンシャルを持っ

143

第4部　気象ビジネス

ています[53]。

　こうした洋上風力発電は、地上風力発電に比べていくつかのメリットを持っています。すなわち、一般に、洋上の風速は強く、乱れが小さいことから、陸上と比較すると風況が安定していて風力発電に適しています。また、洋上では、風力発電機器を設置する敷地の制限や機器を運搬するにあたっての道路の確保等の制約もなく、大規模の開発が可能となります。

　もっとも、洋上風力発電では、漁業権や、航行船舶の安全性確保、海鳥、海洋哺乳類、魚等、生態系に及ぼす影響を考慮する必要があります。また、海上に発電機器を設置することから、一般的に陸上の風力発電に比して初期費用も維持費用も多く要することになります。

　日本の洋上風力発電所で本格運転しているケースは、北海道のサミットウィンドパワー酒田発電所や瀬棚町洋上風力発電所を皮切りに10数か所の発電所があります。また、いくつかの洋上で大規模の洋上風力発電所の設置が計画されています。

b．洋上風況マップ

　NEDO（国立研究開発法人新エネルギー・産業技術総合開発機構）は、陸上における局所風況マップに加えて、洋上風力発電の設置場所を計画する際に必要な情報を一元化した洋上風況マップを公開しています[54]。

　この洋上風況マップでは、数値シミュレーションによる洋上の風況情報に加えて、水深や、生物生態、海底地質等の自然環境情報、港湾区域や、航路、史跡等の社会環境情報等、洋上風力発電導入を検討する際に関係してくる日本近海のさまざまな情報が一覧できるようにまとめられています。

　NEDOでは、このマップが洋上風力発電事業を検討する事業者や自治体に有効に活用されることを期待する、としています。

(3)水力発電

　日本は、山に囲まれて急な流れの河川が多く、水力発電に適している国土である、ということができます。

　そして、大規模水力発電では効率性向上にビッグデータが、また、小水力発電では開発の適地選定に衛星データが活用される等、ICTがここでも活躍しています。

①ビッグデータの分析

　東京電力と理化学研究所は、ダム下流域の安全性を確保しながら水力発電用ダムの運用高度化を目指す共同研究を実施しています[55]。

　従来、東京電力は、ダムの放流時間や放流量について、過去の降雨実績等の気象データやダム操作経験をもとに判断してきました。また、同社では、最新のビック

144

データ分析技術を活用して雨量や河川流量の予測精度を向上させることで、水力発電による電力量を増加させる等、ダムの運用高度化を検討してきました。

東京電力は、こうした検討をさらに進めることを目的に、理化学研究所と共同研究を行って、理化学研究所が保有する次世代型気象モデルやアンサンブルデータ同化手法、今後確立する河川モデルによる予測技術を活用することにより、東京電力がこれまで蓄積してきた雨量や河川流量といった観測データとダム操作記録等のあらゆるデータの解析を行う、としています。

なお、「次世代型気象モデル」では、数km～数千kmの範囲の気象を、従来よりも高解像度でシミュレーションが可能となります。理化学研究所の研究グループは、100m四方の分解能（測定能力）で10～30秒で半径30～60kmの範囲の全点をすき間なく観測できるレーダーによるデータ等を用い、次世代型気象モデルを使って個々の積乱雲を忠実にシミュレーションすることに成功しました。そして、これによりゲリラ豪雨を100m四方の分解能で30分前に予測する手法を開発しています。

また、「アンサンブルデータ同化手法」は、気象等の事象について、シミュレーションを行った結果が誤差を持つことを前提に、少しずつ異なる複数のシミュレーションを同時に実行して、その結果と観測した実測データを比較して確度（確からしさ）の情報を得る方法です。

東京電力は、こうした研究成果を生かして、ダム下流域の安全性を確保しながら年間最大1,500万kWh程度の発電電力量の増加を図り、水力発電所の生産性向上につながるスマート・オペレーションの実現とCO_2排出量削減への貢献を目指す、としています。

②小水力発電

a．小水力発電とは？

大型、中型の水力発電の開発がピークアウトした後、小水力発電が注目を集めています。

ところで、小水力発電がいくらの規模の発電力を指すかについては、各国で統一された数値はありませんが、世界的には概ね10,000kW以下を小水力と呼んでいます[56]。

また、NEDOのガイドブックでは、10,000kW以下を「小水力」、1,000kW以下を「ミニ水力」、100kW以下を「マイクロ水力」と分類しています（図表2-11）。

なお、1kW未満のきわめて小規模な発電を「ピコ水力」としてさらに細分化することもあります[57]。

一方、新エネルギー法改正施行令[58]や、新エネルギー利用特別措置法（RPS法）[59]では、1,000kW以下の水力発電を新エネルギーと定義しています。

145

第4部　気象ビジネス

図表2-11　NEDOによる水力発電の区分

区分	発電出力（kW）
大水力	100,000以上
中水力	10,000〜100,000
小水力	1,000〜10,000
ミニ水力	100〜1,000
マイクロ水力	100以下

（出所）新エネルギー・産業技術総合開
　　　　発機構「マイクロ水力発電導入
　　　　ガイドブック」2003

　小水力の発電方式は、大規模ダムの貯水池式や中規模ダムの調整池式ではなく、水を貯めずにそのまま利用する「流れ込み式」、または「水路式」の発電方式が採用されています。

　これにより、一般河川、農業用水路、砂防・治山ダム、上下水道、ビルの循環水、工業用水等、現在無駄に捨てられているエネルギーを有効利用することができます。

　小水力発電の事業には、これまでの電力会社主体の開発とは異なり、地方自治体、土地改良区、NPO、民間、個人というようにさまざまな主体が参加しています。

b．小水力発電の特徴

　小水力発電には、次のような長短所があります[60]。

ⅰ 長所

・昼夜、年間を通じて安定した発電が可能で、設備利用率が高い。

・出力変動が少なく、系統の安定や電力品質への悪影響を小さくできる。

・事前調査や土木工事が比較的簡単で、必要な機器設備や工法の規格化・量産化が進めば経済性が良くなることが期待できる。

ⅱ 短所

・設置地点が落差と流量がある場所に限定される。

・落差と流量の2つの要素に関わる機器開発が必要である。

・水利権の取得が必要となるケースがある。

③衛星データによる小水力発電開発地の選定

　小水力発電の開発にあたっては、まずもってどの地域が開発に適しているのか、を把握することが重要となります。

　アジア航測（株）では、衛星観測による標高や降水量と水理解析を組み合わせて水資源を把握する手法を開発しています[61]。

　小水力発電のポテンシャルは、利用できる水の落差と使用可能な流量に比例する

ことから、標高データと流出解析を応用することにより算出が可能となります。アジア航測では、人工衛星からのデータを活用して、次の手順で小水力電力のポテンシャルの算出を行っています。

a．　衛星によって得られた標高データから、空間分析により河川を抽出し、小流域区分を行う。

b．　衛星観測によって得られた降水量データから、時間雨量を作成する。

c．　bで作成した小流域を対象に、雨量と流出解析により、小流域末端での1時間当たりの流量を算出する。

d．　最後に、cで算出された流量と水の落差から、小流域末端地点の小水力エネルギーポテンシャルを算出する。

　こうした作業により、小流域単位で小水力開発の有望地を選定することが可能となります。

8　スーパーマーケット、コンビニ

(1)気象庁の調査

　気象庁では、気候リスク管理の有効性を示す実例をみるため、平均気温や降水量等の気候の要素がスーパーマーケットやコンビニエンスストア（コンビニ）分野へ与える影響を地域ごとに調査をしています[62]。

　調査対象品目は、食品30、飲料12、雑貨4の46品目で、調査対象店舗は、札幌、仙台、東京、大阪、福岡の各地区のスーパーマーケット129店舗、コンビニ127店舗です。そして、販売データとしてはPOSデータを用いて1店舗あたりの日別販売数と日別販売金額を収集して分析しています。

　この調査の結果、気温や降水と販売数との間には、次のような関係があることが明らかとなりました。

①気温と販売数

a．多くの品目で販売数と気温との間に関連がみられました。販売数と気温の関係には、それぞれの品目で地域性や季節の変化等、さまざまな特徴があります。

b．昇温期と降温期で明瞭な違いがみられた品目もありました。たとえば、東京の平均気温とスーパーマーケットにおける冷やし中華の販売数をみると、昇温期には約10℃を超えると販売数が多くなりますが、降温期は、約20℃を下回ると販売数は少なくなっています。このように、品目によっては同じ気温でも昇温期と降温期で販売数が大きく異なることが確認できました。

c．地域特性を調べた結果、販売数が急に増え始める気温（基準温度）の違いがみ

第4部　気象ビジネス

られる場合がありました。たとえば、スーパーマーケットにおけるスポーツドリンクについて、札幌と福岡で比較すると、基準温度は、札幌では約10℃であるのに対し、福岡では約15℃と違いがみられます。このように、基準温度が地域で異なる原因については、体感気温等が売れ行きに影響している可能性が考えられます。

ｄ．販売数構成比と平均気温の関係が明らかになれば、店舗に陳列する商品や発注する商品の構成、配分の変更等、より効果的な事前の対応を行うことができます。

ｅ．最高・最低気温と販売数との関係も概ね平均気温と同様の特徴がみられました。もっとも、一部の品目では、平均気温よりも最高・最低気温と販売数との関係の方が明瞭な品目もありました。

②降水と販売数

ａ．降水量や降水時間と販売数の関係をみると、生麺・ゆで麺、冷やし中華等、保存期間が比較的短い商品については、降水量が多いほど、また降水時間が長いほど販売数が減少します。

　一方、インスタントカレー等、保存期間が比較的長い商品については、降水量や降水時間の影響をあまり受けない、との結果となっています。

ｂ．このように、販売数が降水の影響を受ける品目があり、気温だけではなく降水の影響も考えて分析を行うことで、気象と販売数の関係性がより詳細に得られると考えられます。

(2)セブン−イレブン・ジャパン

　セブン−イレブン・ジャパンでは、徹底した情報システムの活用により独自のビジネスモデルを構築していますが、そのなかでも特に気象データは重要な情報に位置付けられています[63]。

　具体的には、過去の気象条件と各品目の商品売行き動向を分析して、その結果と天気予報をはじめとする各種情報をもとにして、翌日の各商品の売行きを推測します。

　気象情報に関しては、民間気象事業者によってセブン−イレブン・ジャパンに必要な情報に加工された情報が、セブン−イレブン・ジャパンの情報センターを経由して本部と各店へ衛星により配信される仕組みとなっています。

　そして、各店は店舗に設置されているシステム機器を使って気象情報を入手し、また、外部情報、会社方針、催事情報、商品情報等も踏まえて、商品の発注、品揃え、陳列、在庫管理を行います。なお、各店舗には、短期予報、週間天気予報、気象の実況等の気象情報が1日5回の頻度で配信されています。

　また、実績としてのデータはPOSシステム（販売時点情報管理システム）とし

て本部に返信されます。そして、本部でこの情報を集約したうえで天気実績と商品販売の検証や相関分析を行って、その結果が情報として各店舗に発信される、というサイクルを形成しています。

なお、セブン－イレブン・ジャパンでは、本部における各店のデータの集約をもとにした分析で、たとえば、おでんの販売量と気温との関係を検証したところ、販売のピークが真冬ではなく、秋、それもまだ浅い時期に現れる特徴を見出すことができた、という成果を得たとしています。

9　飲料

(1)HOT 飲料と COLD 飲料

気象庁は委託調査として、HOT 飲料や COLD 飲料の販売状況等について気温との関係についてサンプル調査を行っています[64]。

こうした気温と飲料の販売状況等の関係と気候予測データを活用することによって需要を予測し、自動販売機の商品補充や営業所、小売店舗への商品配送等を事前にタイムリーに行うことができます。

(2)気象と飲料の相関関係

気象と清涼飲料の販売数の相関関係を東京都の例でみると、自販機による販売数は HOT 飲料、COLD 飲料ともに、ほとんどの品目において概ね平均気温の上昇、下降に伴って販売数が減少、増加するといった相関関係を示しています。たとえば、コーヒー飲料、緑茶飲料および紅茶飲料では、気温と販売量との相関係数は ±0.80～±0.90程度と高くなっています。

特に、屋内設置の自販機に比べて屋外設置の自販機による販売の相関が高い品目が多くなっています。もっとも、駅構内（屋内）の自販機の販売傾向は、他の屋内のものよりも屋外のものに近く、屋内の自販機の中には屋外と同程度に気温の影響を強く受けるものがある、との結果が出ています。これは、駅構内といった、屋外からの来訪者による購買が多い場所に設置されていることによると考えられ、したがって駅構内の自販機には、屋外と同程度に、気温リスクへの対応策が効果的に適用できる、とみられます。

一方、日照時間との相関は弱く、降水量との相関はほとんどない、との実証結果となっています。

HOT 飲料及び COLD 飲料の各品目における平均気温と販売数の分析結果の概要は、図表 2 -12と図表 2 -13のとおりです。

第4部　気象ビジネス

図表2-12　HOT飲料の各品目における平均気温と販売数の関係

品目	気温の下降に伴う販売数の増加が始まる平均気温	降温期（8～1月）と昇温期（2～7月）の特徴の違い
コーヒー飲料等	平均気温22℃を下回るあたり	明瞭な差がない。
緑茶飲料等	平均気温22℃を下回るあたり	明瞭な差がない。
紅茶飲料	平均気温22℃を下回るあたり	同じ気温でも、昇温期の販売数が降温期よりも少ない。特に、昇温期は10℃を上回るあたりから急速に減少する傾向がある。
果汁飲料等	平均気温19℃を下回るあたり	同じ気温でも、昇温期の販売数が降温期よりも少ない。特に、昇温期は10℃を上回るあたりから急速に減少する傾向がある。

（出所）インテージリサーチ「気候情報を活用した気候リスク管理技術に関する調査報告書～清涼飲料分野～（協力：全国清涼飲料工業会）」気象庁委託調査、2017.3

図表2-13　COLD飲料の各品目における平均気温と販売数の関係

品目	気温の上昇に伴う販売数の増加が変化する平均気温	降温期（8～1月）と昇温期（2～7月）の特徴の違い
コーヒー飲料等	平均気温23℃あたりまで増加する。平均気温が23℃あたりを超えての増加はない。	明瞭な差がない。
緑茶飲料等	平均気温の上昇に伴い増加し、増加の割合が変化する気温は明瞭ではない。	明瞭な差がない。
紅茶飲料	平均気温が15℃あたりを超えてから急増する。平均気温が20℃あたりを超えての増加はない。	降温期は昇温期よりも販売数が少ない期間がある。
果汁飲料等	平均気温が25℃あたりを超えてから増える。	明瞭な差がない。
スポーツ飲料等	平均気温が22℃あたりを超えてから急増する。	明瞭な差がない。
ミネラルウォーター類	平均気温が25℃あたりを超えてから急増する。	明瞭な差がない。
炭酸飲料	平均気温の上昇に伴い増加し、増加の割合が変化する気温は明瞭ではない。	降温期は昇温期よりも販売数が少ない期間がある。

（出所）インテージリサーチ「気候情報を活用した気候リスク管理技術に関する調査報告書～清涼飲料分野～（協力：全国清涼飲料工業会）」気象庁委託調査、2017.3

(3)コーヒー飲料とスポーツ飲料

①コーヒー飲料等（HOT）

平均気温が下降する9、10月にかけて、COLD飲料からHOT飲料への切り替えが行われ、HOT飲料の販売数が増加する傾向にあります。コーヒー飲料等（HOT）は、降温期において平均気温22℃を下回るあたりから販売数が増加します。

なお、緑茶飲料等（HOT）は同様に平均気温22℃を下回るあたりから、果汁飲料等（HOT）は19℃を下回るあたりから、販売数が増加しています。

もっとも、この違いは、販売サイドにおける品目の切り替え時期の影響を受けている可能性があります。

このような気温とHOT飲料との関係を踏まえると、自販機のコーヒー飲料等（HOT）の販売数は、降温期の平均気温が22℃を下回るあたりから増加することから、自販機の品目変更のタイミングが重要となります。

なお、全品目とも降水量と日照時間との相関はほとんどない状況です。

②スポーツ飲料等（COLD）

平均気温の上昇に伴いCOLD飲料の販売数は増加しますが、品目により差があります。すなわち、スポーツ飲料等の販売数は平均気温22℃を超える頃から急増し、ミネラルウォーター類の販売数は、平均気温がおおむね25℃を超える頃から急増する傾向があります。

一方、コーヒー飲料（COLD）の販売数は、平均気温が23℃辺りまで増加しますが、平均気温が23℃辺りを超えての増加はみられません。また、紅茶飲料は、平均気温が15℃あたりを超えてから急増しますが、20℃辺りを超えての増加はみられません。

このような気温とCOLD飲料との関係を踏まえると、スポーツ飲料等の販売数は、昇温期の中でも特に平均気温が22℃を上回る時期に急増するため、商品補充のタイミングが重要となります。

10　アパレル、ファッション

(1)気象庁の委託調査

気象庁では、日本アパレル・ファッション産業協会（JAFIC）の協力を得て、アパレル分野における気候リスク管理技術に関する委託調査を実施しました。

この調査結果により、気温と販売数との関係や、気温と販売シェアとの関係が明らかになり、たとえば、気象庁の2週間先の気温予測に基づく対応策で、アパレル・ファッションの販売の効率化を図ることが期待できる、としています[65)66)]。

第4部　気象ビジネス

図表 2 -14　調査対象のアイテムの販売数が大きく伸びる日平均気温

ファッションアイテム	販売数が大きく伸びる日平均気温
サンダル	15℃ ↑
レディースニット	27℃ ↓
ブルゾン	25℃ ↓
ロングブーツ	20℃ ↓
秋冬用肌着トップ	20℃ ↓、15℃ ↓ （注2）
レディースコート	18〜19℃ ↓ （注3）
ニット帽	15℃ ↓

（注1）上（下）向き矢印は気温が上昇（下降）基調の時に販売数
　　　が伸びることを示す。
（注2）秋冬用肌着は、20℃（秋物）および15℃（冬物）の2回伸
　　　びが見られる。
（注3）レディースコートは、社によって伸びる気温に若干の違い
　　　が見られる。
（出所）気象庁「気候情報を活用した気候リスク管理技術に関する
　　　調査報告書〜アパレル・ファッション産業分野〜」（ライフ
　　　ビジネスウェザー、協力：一般社団法人日本アパレル・フ
　　　ァッション産業協会）気象庁委託調査、2014.3、p.3

(2)気温と販売数との関係

　さまざまなファッションアイテムで、気温と販売数との間に明瞭な関係があるこ
とは直感的には分かるものの、この調査で、アイテムにより具体的にどの温度水準
で販売数に大きな影響があるかが明らかとなりました（図表2-14）。

　以下では、ファッションアイテムの中から、ロングブーツ、ブルゾン、それにレ
ディースニットの3点をピックアップしてみることとします。

①ロングブーツ

　この調査から、平均気温が25℃付近を下回るタイミングで、ロングブーツの販売
数が立ち上がり始めている様子がみられます。また、ロングブーツの販売数が大き
く伸びる目安は、平均気温が20度を下回る水準であることが明らかとなりました。

　したがって、気象庁の2週間先の気温予測が20度を下回る可能性が大きいと予測
されるような時には、ロングブーツの供給や店舗展開を積極的に実施するとか、色
やサイズの欠品を極力回避するよう、きめ細かく在庫補充を行う等、店頭での販売
促進を中心とした対応策が考えられます。

②ブルゾン

　ブルゾンは、消費者にとって秋を実感して装い楽しむファッション感度の高い典
型的なアイテムです。具体的には、秋口においては気温の下降につれて売上げが上

昇して、平均気温が25℃を下回るタイミングで売上げが急増する傾向がみられます。

特に、このところ残暑が厳しくなり秋期が短くなる傾向が強まっている状況では、店舗側としては品揃え等がなかなか難しい状況となっています。また、最高気温が30℃を超える日数が大幅に増えていることから、こうした高温傾向に対応して商品戦略（商品構成、販売期間など）を改めて練り直している企業もみられています。

③レディースニット

レディースニットの販売数が大きく伸びる目安は、温度が平均27℃以下になったところです。例年では、秋口に平均気温が27℃を下回るのは8月下旬後半です。

したがって、たとえば残暑が厳しいと予想されるような場合には、売り場におけるニットの展開は例年より遅くする、との販売方針を取ることが考えられます。

(3)気温と販売シェアとの関係

この調査により、一部のアイテムで販売構成比（販売シェア）と気温との間に明瞭な関係が見出されました。

①インナー主要5アイテム（ガードル、ショーツ、ブラ、肌着ボトム、肌着トップ）のうち、秋冬用の肌着トップ・肌着ボトムの販売シェアは平年と比べて高温傾向の時に停滞・縮小し、低温傾向の時に拡大する傾向にあります。

②そのほか、サンダルやブーツなど靴類の構成比や、ニット・編み物など帽子の素材別構成比、ウール・ダウンなどコートの種類別構成比、コート・カットソーなどの品目別構成比について分析した結果、それぞれ気温の変動と一定の関係があることが明らかになりました。

こうした結果に基づき、平年から大きく乖離した気温が予想される場合に、平年販売するアイテムに代替するアイテムを準備する、といった販促方針をとることが考えられます。たとえば、残暑が見込まれるときは、ブルゾン（中衣料）からカットソーやパンツ（軽衣料）というように高温時に売れる商品の品揃えとする、といった具合です。

このように、店舗の売り場に投入できる在庫量は物理的に限られていることから、販売の絶対量のほかにアイテム間の相対量（シェア）という観点が重要となります。

(4)気温と肌着

ワコールでは、気温と肌着の売上数量には密接な関係がある、との認識のもとに、肌着の売上げが伸びる気温になるタイミングに合わせて、顧客に肌着を訴求することで売上拡大を図るプロジェクトに取り組んでいます[67]。

具体的には、本社部門が気象庁から入手した気温予報情報を営業部門に発信、こ

第4部　気象ビジネス

れを受けて営業部門は全国の約500店舗に対して都道府県ごとの情報を配信するとともに必要な指示を行います。

　指示の内容は、たとえば、山形地区には「12℃を迎えるので7日に売場の変更をしてください」、群馬・埼玉地区には「17℃を迎えるので接客トークに活用してください」、千葉・東京地区には「来週にむけて在庫確認をしてください」といった具合です。そして、これに応じて、店頭販売員は、在庫と納期の確認や、セールストークへの活用、VP（ビジュアル・プレゼンテーション）の内容につきたとえばブラジャーから肌着への変更等を実施します。

(5)ファッション

　デジタルエージェンシーのルグラン社は、ハレックスが提供する気温、降水量、風速、湿度等の1kmメッシュ気象データと個々のユーザーデータをAIに学習させて気象ビッグデータにするTNQL（テンキュール）によって、個々のユーザーにとってその日の気象状況に最も適したコーディネートをリコメンドするサービスを提供しています。

　具体的には、ユーザーが毎日選んだコーディネートからAIが好みのスタイルをさらに学習して、その日の天気に合わせて760パターンのファッションイラストから各ユーザーに最適なコーディネートを薦める、というものです。このサービスはおしゃれを楽しみたい女性をターゲットとしており、その日の天気と自分のスタイルに合ったコーディネートを選べるユーザーエキスペリエンスである、ということができます。

　TNQLのサービスでは、たとえば「〇区〇町（ユーザーの居場所）、〇月〇日、曇りのち晴れ、27°/16°　朝夜は雨の心配なし、暑い夏の1日になりそう、シンプルなTシャツ＆ふんわりロングスカートで涼しげに」といったリコメンドのメッセージが、毎朝、コーディネートをスケッチしたファッションイラストとともにスマホに送信されます。

11　健康、医療、ドラッグ

(1)健康管理

①気象情報と個人の健康管理

　（株）ライフビジネスウェザーは、1kmメッシュ高解像度局地気象予報の技術と生気象学の知識にもとづいて、ユーザーに各種のソリューションを提供していますが、その1つが個人の健康管理向けの健康気象です（生気象学についてはひとく

ち memo 参照)[68]。

　同社では、ヘルスケア・プラットフォームとして、毎日の健康をみはる意味を込めて名付けたアプリ「健康みはり」を奈良女子大学と共同で開発、提供しています。これは、ユーザーがパソコンやタブレット端末、スマホ等からアプリを使って入力した血圧、体温、歩数、体重や各種のセンサーで取得した呼吸、心拍数等の健康データと、GPSにより取得したリアルタイム高解像度気象データを活用して、ユーザーに対して天候変化に合わせた健康・生活アドバイスを自動配信するものです。

　これにより、ユーザーは、性別、年齢、体調、居住地等の要素を勘案した適切なアドバイスを受けることができます。さらに、このアプリは、天候、季節、入力された体調、既往症等をもとに、ユーザーに対して最適レシピを自動リコメンドする機能も具備しています。

　また、同社のアプリ「ソライフ（SOLIFE）」は、生気象学にもとづいたアルゴリズム（問題の解法）を組んでユーザーの気分を先読みして、天候や気圧などから体調への影響と、それに応じて取るべき行動やおすすめの食べ物をアドバイスします。たとえば、天候・気圧・エリア等に応じて「この環境ではひとつの場所にじっとしていられなくなりそうです。休憩時間は、外の空気をたっぷり吸うなど、リフレッシュをしっかり行いましょう」など個々人にフィットするアドバイスを提供します。

②バイオウェザーサービス

　いであ（株）では、気象情報配信サイト「バイオウェザーサービス」で、生気象学に基づく医学気象予報を実用化した健康予報を発信するサービスを提供していて、ユーザーはパソコンやスマホ等により健康予報にアクセスすることができます。

　この健康予報は、多くの病気の発症や症状は天候の影響を強く受けるという生気象学をベースにして、天候に伴う各疾病の症状悪化を直接的に予測するものです。

　バイオウェザー予報の具体的な項目は、心筋梗塞予報、脳出血予報、脳梗塞予報、片頭痛予報、紫外線予報、熱中症予報、うつ気分予報、リウマチ予報、小児ぜんそく予報等です。

ひとくち memo　　生気象学

　生気象学（biometeorology）は、気象と人間や動植物の生態の関係を研究する学問で、気象学や生態学を包含した多分野（学際的）科学です[69]。

　生気象学の対象は広範に亘り、また、気象が人体等に影響を及ぼすメカニズムを研究するだけではなく、排ガスによる大気汚染や森林伐採による環境破壊

第4部　気象ビジネス

等、人類が自然環境に及ぼす影響を含む双方向の関係を研究する学問です。なお、生気象学を研究する国際機関に「国際生気象学会」（The International Society of Biometeorology；ISB）があり、日本には「日本生気象学会」が設立されています。

　生気象学が対象とするいくつかの事例をあげると、次のとおりです。
・気象が人体に与える影響
・農産物の作柄と気象との関係
・気象が動物の行動や健康状態にどのような影響を及ぼすか？
・大気汚染が樹木にどのような影響を及ぼすか？
・急激な気象変化に生体がどこまで耐えることができるか？
・気象の変化が植物のライフサイクルに与える効果（生物季節学）

　また、生気象学の中で人間の健康や病気に及ぼす気象の影響を扱う学問は「医学気象学」といい、予防医学のための天気予報は「健康予報」と呼ばれています。

　健康予報は、気象病や季節病の予防を目的とした天気予報です。ここで「気象病」は、気象の変化により発病や症状の悪化をみる病気で、ぜんそく、リウマチ、神経痛等があり、一方、「季節病」は、特定の季節に発病や症状の悪化をみる病気で、熱中症、花粉症等があります。

(2) ドラッグストア

①気温と医薬品の販売数との関係

　気象庁では、気候リスク管理の有効性を示す実例をみるため、日本チェーンドラッグストア協会の協力を得て、ドラッグストア産業分野における気候リスク管理技術に関する委託調査を実施しました[70]。

　この結果、ドラッグストアで扱っている医薬品や雑貨品を中心に販売数と気温の関係が明瞭な品目が数多く存在し（図表2-15）、その中には、ある一定の気温（基準温度）を上回る、または下回ると販売数が急増するものがあることが明らかになりました（図表2-16）。これにより、品目ごとの基準温度と販売数の増加の目安を把握して、気温の昇降に伴う販売数の増減を見積もることが可能となり、また、特設コーナーの設置等による陳列棚の配置変更、追加発注量の調整による在庫管理、メール活用等による販売促進策を有効に行うことが期待できます。

②気温と経口補水液（熱中症対策飲料）の販売数との関係

　この調査では、気温と熱中症対策飲料として代表的な経口補水液の販売数の関係について検証しています。

第2章　気象ビジネス市場の分野別動向

図表 2-15　気温と販売数の関係の一例

気温と販売数の関係	該当品目
気温が上昇すると販売数が増加する品目	経口補水液、スポーツドリンク、殺虫剤、蚊取り線香、虫刺され薬、日焼け止め、水虫薬、制汗剤など
気温が下降すると販売数が増加する品目	総合感冒薬、うがい薬、ハンドクリーム、リップクリーム、カイロ、入浴剤　など
気温と販売数の関係が明瞭でない品目	解熱鎮静剤、栄養ドリンク、ミネラルウォーターなど

（出所）株式会社インテージ（協力：日本チェーンドラッグストア協会）「気候情報を活用した気候リスク管理技術に関する調査報告書〜ドラッグストア産業分野〜」気象庁委託調査、2015.3

図表 2-16　気温と販売数の連動期間と販売数の増加の目安（東京）

品目	基準温度	気温との連動期間	販売数の増加の目安
日焼け止め	約10℃	3月中旬〜5月下旬	5℃上昇で約4.7倍
殺虫剤（ゴキブリ用）	約11℃	3月中旬〜7月上旬	5℃上昇で約2.7倍
水虫薬	約13℃	3月下旬〜7月上旬	5℃上昇で約1.3倍
殺虫剤（ハエ・蚊用）	約18℃	4月下旬〜6月中旬	5℃上昇で約3.2倍
虫さされ薬	約18℃	5月上旬〜7月中旬	5℃上昇で約2.6倍
経口補水液	約23℃	6月上旬〜8月下旬	5℃上昇で約2.6倍
スポーツドリンク	約25℃	6月下旬〜9月上旬	5℃上昇で約1.6倍
総合感冒薬	約25℃	9月上旬〜10月下旬	5℃下降で約1.5倍
ハンドクリーム	約25℃	9月上旬〜10月下旬	5℃下降で約2.9倍
リップクリーム	約25℃	9月上旬〜10月下旬	5℃下降で約1.6倍

（出所）株式会社インテージ（協力：日本チェーンドラッグストア協会）「気候情報を活用した気候リスク管理技術に関する調査報告書〜ドラッグストア産業分野〜」気象庁委託調査、2015.3

　この検証で東京の平均気温と経口補水液の販売数の推移をみると、平均気温が23℃を上まわる頃から8月上旬頃まで、経口補水液の販売数は平均気温の変動と連動していることが明らかとなっています。

　具体的には、経口補水液の販売数は昇温期に平均気温が23℃を超える頃に大きく増加します。また、熱中症搬送者数は、平均気温25℃を超える頃に増え始めています。なお、東京におけるスポーツドリンクの販売数は、昇温期に平均気温が25℃を超える頃に急増することも明らかとなっています。

　これから、経口補水液の販売数が大きく増加する23℃（基準温度）からの気温差

第4部　気象ビジネス

と販売数の関係を把握することで、気温予測を基に販売数の目安を見積もり、追加発注の判断や在庫管理を行うことができます。

　そして、熱中症搬送者数が増え始める平均気温25℃を熱中症対策商品の販売促進を行う目安と考えることができます。実際のところ、基準温度の23℃より5℃高い28℃まで上昇すると、販売数は約2.6倍に増える、との結果が出ています。

　こうした実証結果から、2週間先までの気温予測を活用することにより経口補水液の販売について、たとえば商品の配置変更（特設コーナーの設置や棚のエンドの活用）、POPやボードを用いた販売促進、メールを活用した販売促進、在庫管理（追加発注量の調整）、カウンセリング（薬剤師による熱中症への注意喚起）等の対策を実施することが考えられます。

(3)熱中症セルフチェック

　日本気象協会では、東北大学や名古屋工業大学と共同で研究した熱中症リスクを評価する技術を応用することにより、個人別に熱中症の危険度を簡易に診断することができるアプリ「熱中症セルフチェック」を開発して、2017年4月から無料で提供しています[71]。

　それによると、ユーザーがパソコンやスマホを使って

①年代（乳幼児、小学生、中高生・成人、高齢者の4種類）、

②活動レベル（静かに過ごす、日常生活、ちょっと汗ばむ作業、激しいスポーツの4段階）、

③現在地（屋外の場合はユーザーが都道府県・市区町村を入力すると自動で気温・湿度を計測。屋内の場合にはユーザーが気温・湿度を入力、湿度が不明の場合には65％で算出）、

を選択、入力すると、その環境に1時間いた場合の熱中症危険度がA（油断禁物）、B（十分注意）、C（危険）、D（かなり危険）の4段階のレベルの診断結果がコメント付きで示されます。

　たとえば、成人、激しいスポーツ（ランニング）、屋外にいる（東京都世田谷区）を選択すると、次のようなチェック結果がコメントと共に示されます。

・2018年○月○日○時○分現在、気温23.2℃湿度80％の環境に1時間いる場合（中高生・成人・激しいスポーツレベル）

・診断結果：今のあなたの熱中症危険度レベルは…レベルC（危険）

・コメント：あなたが今いる環境は、熱中症のリスクがあり、危険な状況です。活動の30分くらい前に、コップ1杯の水分補給をおすすめします。30分に1回、コップ1杯の水分補給をしてください。活動は、1時間当たり30分以内に抑えるよ

うにしましょう。

さらに「具体的にどのくらい危険か」の質問箇所をクリックすると、

・500 ml のペットボトル 1 本程度の水分が失われます！

・30分以上の活動は注意！

・こまめに水分を補給し、無理せず休憩をとるよう心がけてください。

・スポーツドリンクや0.1～0.2%の濃度の食塩水がオススメ！

との回答が返ってきます。

(4)ヒートショック

日本気象協会は、東京ガスと共同でヒートショック予報を開発しました[72]。

ヒートショックは、温度の急変で血圧の乱高下が起きて体に悪影響を及ぼすことで、冬季における高齢者を中心とした入浴中の死亡事故の原因となっています。なお、東京都健康長寿医療センター研究所の推計によると、2011年の一年間で入浴中の死亡者数は約17,000人と交通事故による死亡者数の3倍を超え、そのうち高齢者は8割強を占めています[73]。

日本気象協会は、高精度の気象予測データと独自の知見を組み合わせて、これまで熱中症指数や風邪ひき指数等の生活指数情報を開発・提供してきました。また、東京ガスは冬の入浴事故や生活者の入浴事情について調査・研究を行い、安全な入浴方法に関する情報発信やヒートショック対策のひとつとなる浴室暖房、脱衣室暖房の提案などに努めています。

そこで、日本気象協会と東京ガスは共同でヒートショック予報を開発、算出して、2017年2～3月にかけて1都6県の都・県庁所在地（東京、横浜、千葉、さいたま、水戸、宇都宮、前橋）を対象に配信当日20時時点のヒートショックのリスクを「今晩のヒートショック予報」として配信しました。具体的には、東京ガスが運営する生活情報メディア「ウチコト」のFacebook で「警戒！」、「注意」、「油断は禁物」の3つのランクに分けて提供され、また、「警戒！」時には、一日の気温差が大きい場合、冷え込みが予想される場合には、入浴時だけでなく、日常生活全般で気温の変化に留意するよう、コメントを追加して表示されます。

東京ガスと日本気象協会は、冬の入浴事故を取り組むべき社会問題として捉え、ヒートショック予報に対するユーザーの意見を踏まえて、ヒートショック予報の拡充、改善を行う、としています。

(5)気圧と頭痛

インターネット等を利用したコンテンツの企画、制作、販売を業務とするポッケ

社は、スマホのユーザーに対して気圧予報＆頭痛記録のアプリ「頭痛～る」を無料で配信しています[74]。

　これは、気象予報士が考案したアプリで、6日先までの気圧変化をグラフで表示する「気圧予報」と、急激な気圧低下をプッシュ通知の「低気圧アラート」で知らせて、頭痛を引き起こしやすい時間帯を警告します。

　また、1時間ごとにアイコンとコメントが入力できる「頭痛ダイアリー」でユーザーの頭痛の傾向や服薬記録を記録することができ、体調管理に役立てることができます。さらに、3時間ごとの天気・気温予報も表示されるため、天気アプリとしても利用できます。

(6)肌荒れ
①気象と肌のビッグデータ

　日本気象協会は、気象ビックデータと他企業が所有するビックデータを突き合わせて気象情報の新たな価値を生み出す各種の研究、開発を行っています。その一環として日本気象協会とポーラは、それぞれの会社が持つ「気象」と「肌」に関するビッグデータを活用した共同研究を2014年から実施して、これまで次のような成果を得ています。

a．肌荒風

　1,500万件を超える日本女性の肌のビックデータを持つポーラと、気象ビックデータを持つ日本気象協会が、気象環境が及ぼす肌への影響を共同で研究した結果、日本には肌のうるおいを奪う2つの「肌荒風」（はだあらしかぜ）が吹いていることが判明しました[75]。この肌荒風は、肌のうるおいや、シワ・小ジワに悪い影響を及ぼすほか、皮膚温の低下も招いて顔冷えの原因にもなっています。

　特に、秋から冬に吹く高い山脈を越えてくる乾燥した北風の「乾燥型の肌荒風」と、狭い平野を通り抜ける強風の「突風型の肌荒風」が肌荒れを引き起こしやすい、とみられています。

b．毛穴熱風

　夏の毛穴の開きと気象条件の関係について、全国47都道府県別に4年間に亘ってポーラが集めた女性の肌データの分析結果と、日本気象協会の持つ気象ビッグデータをもとに解析調査を行った結果、日本には毛穴を開かせる夏特有の山と海から吹き込む2種類の熱風があることが明らかとなり、この熱風を「毛穴熱風」と名付けています[76]。

　このうち、「山の毛穴熱風」は、湿った空気が山を越えるときに雨や雲として水分が減り、乾いた空気が山を下ることで、山の風下側で気温が上昇するフェーン現

象による熱風です。一方、「海の毛穴熱風」は、夏にしばしば富士山や日本アルプ
ス付近を中心とした局地的な低気圧（毛穴の気圧配置）が発生して、このときに海
から吹き込む熱風です。

　ポーラでは、毛穴が開いたり目立つような肌は、化粧のりが悪かったり化粧がく
ずれがちになるほか、清潔感にかけたり老けて見られたりする原因となる、として
います。

ｃ．肌荒大気

　ポーラが持つ全国47都道府県の７〜８月における女性の肌データの分析結果と、
日本気象協会が持つ同時期の気象データや大気汚染物質データといったビッグデー
タを総合的に解析した結果、夏にくすみ、シワ等の肌荒れが発生する外部環境要因
には、紫外線や乾燥に加えて、大気汚染物質による「肌荒大気」（はだあらしたい
き）があることが判明しました[77]。なお、肌荒大気はポーラによる造語で、ここ
で大気とは大気汚染物質等を指します。

　特に、近くに山地がある地域では、その地域で発生した大気汚染物質が滞留しや
すく、この結果、「滞留型肌荒大気」が肌荒れを引き起こしやすくなり、また、海
風がある地域では、他の地域で発生した大気汚染物質が海風で運ばれて、この結果、
「流入型肌荒大気」が肌荒れを引き起こしやすくなる、としています。

　また、汗や皮脂が多くなる夏の肌には、他の季節と比較して大気汚染物質が約
3.7倍も付着することが確認されています。

②美肌予報

　日本気象協会は、ポーラと共同で気象ビッグデータと肌のビッグデータを活用し
て肌変化を予測する無料の美容アドバイスサイトを「美肌予報」の名称で開設して
います[78]。

　これは、日本気象協会に所属する気象予報士とポーラ美容研究室の美容アドバイ
ザーが持つそれぞれのノウハウに、両社のビッグデータを組み合わせることで可能
となったサービスです。

　すなわち、日本気象協会の気象ビッグデータと、ポーラが持つ肌データを組み合
わせて、美肌を左右する気象情報をもとに全国47都道府県の地域ごとの肌変化を予
測し、美肌ケアのポイントや生活習慣、食事のアドバイス等、美肌のケアにつなが
る情報が提供されます。

12　レジャー、旅行

　レジャー関連ビジネスでは、特に屋外のテーマパーク、プロ野球、Ｊリーグ等で

第4部　気象ビジネス

図表2-17　tenki.jp＋more の検索機能「どこ行く天気」の使用例

こんなとき…	こう検索！	検索結果には
きょうは天気が良いから近くのスキー場へ行きたいな…	日程：当日の日にち 場所：「現在地」から「（半径）10km 以内」	現在地から半径10km 以内にあるおすすめのスキー場を表示
週末、○○スキー場と△△スキー場のどっちに行こうかな？	日程：週末の日にち 場所：自宅のある「××市」から「（半径）50km 以内」	週末の天気から半径50km 以内のスキー場をおすすめ順に表示
2カ月後、札幌にスノボ旅行。どのスキー場が良いかな。	日程：2カ月後の日にち 場所：「札幌市中央区」から「（半径）50km 以内」	2カ月後の旅行日の、気温の「平年値」や天気の「出現率」から「札幌市中央区」から半径50km 以内にあるスキー場をおすすめ順に表示

（出所）日本気象協会「〜もう悩まない！気象条件からレジャースポットをおすすめ〜「tenki.jp＋more」に新検索機能『どこ行く天気』を追加」ニュースリリース、2016.12.20

天候により来客数が大きく左右される、といったリスクを抱えています。

（1）日本気象協会のレジャースポット天気予報

　日本気象協会は、自社の web サイトの tenki.jp（無料）と tenki.jp＋more（会員登録制、有料）で、レジャー関係の気象情報を提供しています。このうち tenki.jp では、山の天気、海の天気、空港、野球場、サッカー場、ゴルフ場、キャンプ場、競馬・競艇・競輪場、釣り、お出かけスポット天気というように、レジャーの種類別に気象情報が提供されています。

　また、会員登録制の気象情報サービスの tenki.jp＋more では、2016年から利用者の生活をサポートする検索機能「どこ行く天気」を提供しています[79]。この「どこ行く天気」は、日本気象協会が新コンテンツのアイデア募集グランプリを実施してその応募の中から選ばれたアイデアをもとにして作成したもので、パソコンやスマホのプレミアム会員限定で利用可能な機能です。

　ユーザーは「どこ行く天気」で、日にち、場所、レジャーを選択して検索することによって、気象条件から「その日のおすすめレジャースポット」を確認することができます。

　日本気象協会では、「どこ行く天気」の使用例として図表2-17のようなケースを挙げています。

162

ひとくち memo　訪日外国人向け天気予報アプリ

○ WeatherJapan

　日本気象協会とアプリ開発会社の（株）そらかぜは、旅行やビジネスで訪日する外国人向けに無料の天気予報アプリ「WeatherJapan」を2017年8月から提供しています[80]。

　WeatherJapan は、スマホだけでなくタブレット端末にも対応していて、主要な機能は、48時間先までの1時間単位の予報（天気、気温（摂氏・華氏））、日出・日没の時刻表示、1週間先までの1日単位の予報（天気、気温）、地図上での周辺地域の予報表示（天気、気温）等です。

　WeatherJapan は、1時間単位の予報を気温グラフによるグラデーションで表示することにより気温の変化が視覚的に分かりやすい表示としているほか、現在地から目的地までの地名の分からない場所でも地図上で天気予報を確認できる、等の特徴を持っています。

　なお、対応言語は、英語、中国語（簡体字、繁体字）、韓国語、イタリア語、スペイン語、ドイツ語、フランス語、ポルトガル語、ロシア語、日本語です。

○ Safety tips

　Safety tips は、2014年から観光庁が提供を開始した外国人旅行者向け災害時情報提供アプリで、自然災害の多い日本において訪日外国人旅行者が安心して旅行できるようにさまざまな情報を無料で提供することを目的としています。

　Safety tips は、地震・津波情報に加え、大雨・大雪・暴風・暴風雪・波浪・高潮・洪水に関する気象情報（警報以上）や、天気予報、熱中症情報、避難所情報等を提供するほか、地震発生時の震源地周辺の震度の表示、災害発生場所と現在地の関係性の見える化等の機能を具備しています[81]。

　なお、対応言語は、英語、中国語（簡体字・繁体字）、韓国語、日本語です。

○ 旅守り：TABIMORI − TRAVEL　AMULET −

　TABIMORI は、成田国際空港が提供する無料のスマホ向けアプリです。訪日外国人が日本滞在中に直面する困った！知りたい！調べたい！というさまざまなニーズに対応する内容となっており、このうち気象関係では日本各地の3時間毎の天気予報と週間予報を提供し、また、地震発生時の初動対応や避難した際に取るべき行動をイラスト入りで紹介しています。

　なお、対応言語は、英語、中国語（簡体字・繁体字）、韓国語、インドネシア語、タイ語、フランス語、スペイン語、日本語です。

第4部　気象ビジネス

(2) プール

　気象庁は、週間天気予報より先の2週目の気温予測情報等を利用してさまざまな産業分野における猛暑や寒波などの影響を軽減もしくは利用する技術の普及の取組みを行っています。気象庁ではその一環として、大阪管区気象台において、公共のプール施設の協力を得て2015〜16年度に気候リスク管理に関する調査を実施しました。

　この結果、調査対象となったプールが屋外施設であること等から、気温の変動と入場者数が連動している関係がみられました。具体的には、平均気温が平年より1℃高いと入場者数が約10％増加し、逆に1℃低いと約20％減少しています。

　そして、過去の実績データの平均に一定の精度を持つ気温予測を加味することによって見積もり誤差を減らして、管理業務計画に活用できることが明らかとなりました。

(3) テーマパーク

　ハウステンボスでは、雨の日でも来場者が楽しめる企画を用意して、悪天候による来場者の減少への対応策を講じています。

　たとえば、2016年10、11月に、ハウステンボスはテーマパークでは初めて天気予報を活用して雨予報日に食事券付のパスポートを前売り販売しました[82]。

　対象日は、日本気象協会の天気予報サイトの tenki.jp と連動して決定することにして、公式ホームページで毎日正午に3日先までの確定日または除外日を告知します。そして、雨天予報日の前売り券には24店舗で利用できる最大3,000円分の食事券を付けました。

　また、2017年には、降雨日にはハウステンボスのポンチョを通常1,500円のところ100円で、また宿泊者には無料で提供するサービスを行っています。

(4) マリンレジャー

　海洋気象情報サイトを運営する（株）サーフレジェンドは、「マリンウェザー海快晴」と名付けたアプリを提供しています。

　海快晴アプリは、日本全国の海岸・沿岸エリア約8,000ヶ所のピンポイント天気の実況と予報をはじめ、風と波の数値予想と画像データ、潮汐情報、月例カレンダー等を見ることができる海専門の気象情報サービスです。

　同社は、このアプリでは、風と波の予報について、京都大学と研究開発した独自予測データに気象庁の予測データを併記することによって2つの予報の傾向を確認できるため、釣りをはじめ、ダイビング、セーリング、シーカヤック、ボート等、

各種マリンレジャーを行う際の出港等の判断が容易となる、としています。

このうち、釣りでは、磯、防波堤、投げ等、釣りのスタイルにより、必要な情報が異なることから、会員は、潮汐、風、波等、各自でカスタマイズして情報に優先順位を付けた画面を作ることが可能です。

また、船の出船の可否もこうした情報により判断して、安全にマリンスポーツを楽しむことができます。

海快晴アプリは、無料で利用できる機能（海快晴が独自に発表する全国の海の天気概況（毎日更新）等）と有料で利用できる機能（日本全国の沿岸約8,000か所のピンポイント天気予報（1時間毎・72時間先まで））に分かれています。

(5)登山

（株）ヤマテンは、一般の登山者向けのほか、旅行会社・登山ガイド向け、学校登山、TV・映画・CM等の山岳における撮影、山小屋・旅館組合、山岳交通機関、スキー場向け等に、全国18山域、59山の山頂の天気予報を気象予報士の解説コメント付きで提供しています。

具体的には、天気、気温、風向、風速の翌々日まで6時間単位の予報が配信されます。また、暴風、豪雨、雷雨などの荒天が広い範囲で予想されるときには臨時情報が発信されます。

ユーザーは、登山前にパソコンで、雨の降りそうな時間帯は？　予定通り出発しても大丈夫か？　低気圧の進路は？　冬型は強まるか？　大気の状態は不安定か？等をチェックすることができます。

また、登山中にはスマホで雲が増えてきたら専門天気図による低気圧の動きをチェック、雷鳴が聞こえてきたら気象レーダーによる周辺の雨雲をチェック、山小屋に到着して明日の天気予想を知りたい時には行先の山頂天気予報をチェック、というようにさまざまなケースに応じて気象状況をチェックすることができます。

同社では、国内だけでなく、ヒマラヤ山脈をはじめとして、ヨーロッパ・アルプスやマッキンリー、極地、南米、アフリカ等、海外の山岳気象予報の配信も行っています。特に、公募登山隊や年配者の登山では、体力的な問題や、スケジュール面から少ない回数でアタックをすることが重要であり、そのために同社の気象情報を利用して条件の最も良いと思われる日にアタックをすることで登頂率を高めることが可能となります。

(6)スキー

白馬観光開発（株）は、スキーリフトを運営する索道事業や食堂、旅館の営業等

第4部　気象ビジネス

を業務としています。したがって、小雪ではスキー場の運営に支障を来す一方、大雪になると客足が遠のく等、冬場の降雪は業績に対する決定的な気象要素となり、さらには災害の危険性にも配慮することが必要となります[83]。

また、スキーリフトは風に弱く、強風が吹くと運休することになり、雷についても、施設に対する被害をもたらす大きな原因となっています。

したがって、同社ではスキーリフトの安全で円滑な運行を確保することを目的に、風や気温の変化、降雨・降雪の気象実況や予報を活用しています。

また、降雪機の担当者を待機させるか否かの判断には予報が有用となる一方、実際の作業を開始するタイミングの判断には実況情報が使われています。

白馬観光開発では、こうした気象状況の観測、予報については、民間気象事業者からの情報取得に加えて、自社で観測機器を設置する等、観測情報の変化を読み取りながら気象予測を行って業務の安全、円滑な遂行に注力しています。

(7) 各種スポーツ、競馬、ボート

スポーツウェザー（株）は、ゴルフ、野球、競馬、ボート、ロードレース等のスポーツ中継を行うメディアに対してライブで天候関係の素材を提供する事業をはじめとして、スポーツ競技と気象を分析するデータサイエンスを展開しているベンチャー企業です。

同社の具体的なビジネスは、主として次のような内容となっています。

①スポーツ気象ソリューションの提供

スポーツ・イベント会場の局地予報を行うとともに、気象予報士による開催判断に関するコンサルティングを実施します。特に、いままでの局地予報では踏み込めなかった建物や地形等、周辺の立地環境を加味した競技場内のミクロの気象を予測するサービスの提供が同社の持ち味となっています。

また、チームや球団向けに戦術や育成のサポートを行うサービスも提供しています。たとえば、競輪選手に対しては、空気抵抗に関して流体解析をもとにした分析を行い最も有利なコース取りを見出すとか、プロ野球では球場の立地条件などさまざまなファクターからホームランが出やすい球場を探る等の分析を行っています。

②スポーツ番組のコンテンツ企画・提供

メディアに対して、ゴルフやロードレース（マラソン、駅伝）の中継の際に、リアルタイムで気象コンディションを提供、可視化するサービスのほか、競技データを分析してそのコンテンツを開発、提供するサービスを提供しています。

たとえば、競馬予想では、各競馬場付近の気温と競走成績のデータベースを構築しています。そしてそれをもとにして寒、涼、暖、暑、酷暑の5つの気温帯での競

走成績を分類することにより各馬の好走時期、凡走時期を分析する等、季節馬を体系立てて導き出しています。

　また、スポーツウェザーは、流体解析によるコンテンツの開発・提供も行っています。たとえば、ボートレースでは気象観測地点のみならず水面全体の風の流れをつかむことが重要となりますが、同社ではそうした課題を流体解析技術によって可視化しています。

　なお、TV のゴルフ中継で上空と地上の風量と風向を示す3D による矢印の CG が表示されることがありますが、３次元的に風を表示する仕組みはスポーツウェザーが特許を持つ技術です。

注

第 1 部

◆第 1 章
1 ）住明正「異常気象と地球温暖化」国土技術研究センター第19回技術研究発表会 JICE RE-PORT vol.8/ 2005.11、p.1
2 ）気象庁「異常気象リスクマップ」
3 ）同上「気候変動監視レポート2015」2016.8、p.21
4 ）同上 p.23

◆第 2 章
1 ）気象庁「異常気象レポート2014概要編」2015.3
2 ）森正人、今田由紀子、塩竈秀夫、渡部雅浩「Event Attribution（イベント・アトリビューション）」日本気象学会2013.5
3 ）Stott, P.A., D.A. Stone and M.R. Allen "Human contribution to the European heatwave of 2003" Nature, 2004
4 ）気象庁前出 1
5 ）江守正多「異常気象と温暖化その関係は？」GLOBAL ENVIRONMENT RESEARCH FUND 主催、環境省シンポジウム2004.11.3
6 ）IPCC "Summary for Policymakers. In: Climate Change 2007: The Physical Science Basis. Contribution of Working Group I" 気候変動に関する政府間パネル第 4 次評価報告書第 1 作業部会の報告2007
7 ）Alister Doyle "Global warming set to exceed 1.5℃, slow growth-U.N. draft" Reuters 2018.6.14
8 ）気象庁環境省「日本国内における気候変動予測の不確実性を考慮した結果について」報道発表資料2014.12.12
9 ）気象庁地球環境・海洋部「エルニーニョ／ラニーニャ現象と全球平均海面水温の変動」
10）気象庁「ラニーニャ現象発生時の日本の天候の特徴」
11）同上「ヒートアイランド現象に関する知識」2016
12）ヒートアイランド対策推進会議「ヒートアイランド対策大綱」環境省、国土交通省2013.5. 8

第 2 部

◆第 1 章
1 ）Lewis Fry Richardson "Weather Prediction by Numerical Process" reprint, Forgotten

Books 2016.11.13

2）Giancarlo Rinaldi "Lewis Fry Richardson: The man who invented weather forecasting" South Scotland reporter, BBC Scotland news website

3）Robin Stewart "Computers Meet Weather Forecasting" 2008.10.1

4）気象庁予報部数値予報課「MSM ガイダンスの概要と特徴」2013.11.20

5）高田伸一「気象庁における機械学習の利用」気象庁予報部数値予報課、AITC 成果発表会 2016.9.16

6）気象庁、XML コンソーシアム「気象庁と XML コンソーシアム、気象情報を XML 形式で提供するための仕様策定作業を開始」2008.2.1、「気象庁防災情報 XML フォーマット」（Ver.1.0の仕様を策定）2009.5.15

7）気象庁「気象分野における取組」第 2 回オープンデータワーキンググループ資料2017.2.16、pp.5-6

8）同上「気象業務はいま」2014.6、p.10

◆第 2 章

1）羽鳥光彦「民間気象業務の発展と民間気象業務支援センターによる情報提供業務の動向について」気象業務支援センター 2015.10.13

2）日本気象協会「日本気象協会、ドローン（UAV：無人航空機）による 高層気象観測技術の研究開発内容と実験結果を発表」2016.5.12

3）IBM "Deep Thunder Overview"

4）同上「The Weather Company、データ・サービス・プラットフォームを IBM クラウドに移行、IBM のオープン・プラットフォームを利用し、IoT ソリューションを向上」2015.3.31

5）同上「The Weather Channel、IBM Watson を活用した Facebook メッセンジャー向けのコグニティブ・テクノロジーを活用した天気ボット・サービスの提供を開始」2016.10.31

6）同上「企業向けの気象情報提供サービスを開始」2017.3.13

7）ウェザーニューズ「スマホを利用してゲリラ雷雨を追跡し、発生30分前までに通知」2016.7.13

8）同上「ウェザーニューズ、Facebook Messenger でチャットボットサービスを開始」NEWS RELEASE 2016.7.6

9）越智正昭「ハレックス：最底辺のインフラは地形と気象ビッグデータを活用して企業の業務課題の解決に挑む」NTT 技術ジャーナル、グループ企業探訪第192回、2017.3

10）明星電気「気象庁検定付き小型計を用いた新・気象情報提供サービス「POTEKA」を提供開始」ニュースリリース2015.5.13、寺島光彦「POTEKA プロジェクトの紹介〜稠密気象観測の産学官連携活動について」明星電気、群馬大学産学連携・知的財産活用センター 2014

第 3 部

◆第 1 章

1) International Association of Insurance Supervisors "International Association of Insurance Supervisors Issues Paper on Insurance Securitization" 2002, p.211

2) 企業の天候リスクと中長期気象予報の活用研究会「企業の天候リスクと中長期気象予報の活用に関する調査報告書」気象庁、2002.3

3) ライフビジネスウェザー「気候情報を活用した気候リスク管理技術に関する調査報告書」気象庁委託調査、2014.3

◆第 2 章

1) 損害保険ジャパン「6次産業化のリスク対応の取組紹介、地域金融機関と連携した6次産業化へのリスク対応、農業法人様向けリスク対応商品について」産業連携ネットワーク交流会資料、2014.2.27

2) 米国商務省の天候に関する諸資料

3) 伊藤晴祥、小澤昭彦「天候デリバティブによるリスクマネジメントの効率性の検証：Jリーグにおけるケーススタディ」リアルオプション研究 Vol.5.No1.2012、p.20

4) 気象庁、経済産業省「企業の天候リスクと中長期気象予報の活用に関する調査報告書」2002.3、p.90

5) 高島株式会社、株式会社損害保険ジャパン「業界初！天候デリバティブを活用した太陽光発電システムの日照リスク軽減付加サービス開発〜「お天気補償」付き太陽光発電システム発売開始〜」2005.6

6) 三井住友海上火災保険株式会社「衛星観測データを活用した「天候デリバティブ」の世界販売について」2016.12.8

◆第 3 章

1) Bündnis Entwicklung Hilft "World Risk Report" 2011

2) オリエンタルランド「東京ディズニーランド／東京ディズニーシーの建物、施設について」プレスリリース、2008.3.28

3) リスクファイナンス研究会「リスクファイナンス研究会報告書〜リスクファイナンスの普及に向けて〜」経済産業省、2006.3

4) Lane. M., and Beckwith. R., "2004 Review of Trends in Insurance Securitization: Exploring Outside the Cat Box" 2004

5) ロンドン、ロイター、2011.5.10

6) 多田修「活況を呈し始めた保険リンク証券への期待」損保ジャパン総研レポート、2012.9、p.21

第4部

◆第1章

1）気象庁「気象業務はいま2017」2017.6
2）同上「気象分野における取組」第2回オープンデータワーキンググループ資料、2017.2.16
3）情報通信総合研究所「ビッグデータの流通量の推計及びビッグデータの活用実態に関する調査研究」総務省、2015.3、p.15
4）気象庁「気象データ高度利用ポータルサイトを開設しました」2017.3.3
5）日本気象協会「日本気象協会、商品需要予測事業を正式に開始～「あらゆる産業」へのコンサルティングサービス提供を目指し、専属部署を新設～」ニュースリリース、2017.3.30
6）同上「日本気象協会の商品需要予測で「全国小売店パネル調査データ」が活用可能に～食品や医療品、日用雑貨など、あらゆる商品を対象に高精度な需要予測の提供を目指す～」ニュースリリース、2017.8.21
7）気象庁「国土交通省生産性革命プロジェクト「気象ビジネス市場の創出」の選定」2016.11.25
8）同上「気象情報の利活用環境の充実について」
9）興銀第一フィナンシャルテクノロジー株式会社「企業の天候リスクと中長期気象予報の活用に関する調査報告書」気象庁委託調査、2002.3
10）常盤勝美「弊社の取組と中期予報への期待（2週間先までの気温の情報）」ライフビジネスウェザービジネス気象研究所、気象庁主催「産業分野の気象情報利用のためのワークショップ」2016.12.14
11）日本気象協会「日本気象協会、プロジェクト3年間の集大成 気象情報の活用で省エネ物流を実現！～新たな連携により、製造業での予測誤差がほぼゼロに～」ニュースリリース、2017.06.05

◆第2章

1）経済産業省「気象情報等を用いた需要予測で食品ロスゼロを実現しました」2017.6.5
2）同上「製・配・販連携による需要予測で食品ロスを最大40%削減！～天気予報で物流を変える（最終報告）」2015.4.6
3）経済産業省、日本気象協会「製・配・販連携による需要予測で食品ロスを最大40%削減！」2015.4.6
4）同上「需要予測の高度化・共有により返品・食品ロス削減に成功しました」2016.4.25、日本気象協会「平成27年次世代物流システム構築事業需要予測の精度向上・共有化による省エネ物流プロジェクト報告書」2016.2.29
5）国土交通省「2016年版交通政策白書第1部図表1-22」国土交通省総合政策局、原典：鉄道輸送統計、自動車輸送統計、内航船舶輸送統計、航空輸送統計
6）モーダルシフト等推進官民協議会「モーダルシフト等推進官民協議会中間取りまとめ（鉄道・船舶へのモーダルシフトの推進等に向けた取組）」2011.10

7）経済産業省前出 1

8）日本気象協会「日本気象協会、天気予報で物流を変える取り組み「eco ×ロジ」マークを制定」ニュースリリース、2017.2.13

9）気象庁「過去の予測値を用いた検証：水稲の刈り取り適期の予測」協力、山形県農業総合研究センター

10）横山克至「気象確率予測資料を用いた水稲刈取適期の予測. 東北の農業気象」2014

11）気象庁、国立研究開発法人農業・食品産業技術総合研究機構「気候予測情報を活用した農業技術の高度化に関する研究」共同研究報告書平成23〜27年度、2016.3

12）宇宙システム開発利用推進機構「地球観測データの農業活用産官学でブランド米を」Web マガジンそらこと、2017.4.28

13）ドローン・ジャパン株式会社「DJ アグリサービス そして、「ドローン米プロジェクト開始」」2016.10.11

14）農林水産省「スマート農業の実現に向けた研究会の設置について」2013.11.26

15）同上「人工知能や IoT によるスマート農業の加速化について（案）」2016.11.16

16）日本気象協会「営農支援システム　てん蔵」

17）古川恵美「農業生産者、流通・加工事業者、消費者の三位一体の成長・発展の実現に向けて－：NTT 研究企画部門」、「グループ連携の推進：NTT 西日本」

18）NEC「NEC の考える農業 ICT のソリューション」

19）富士通「食・農クラウド「Akisai」の提供について」2012.7.18

20）トヨタ自動車「トヨタ自動車、農業 IT 管理ツール「豊作計画」を開発、米生産農業法人の稲作を側面支援」2014.4.4、「トヨタ自動車、愛知県農業法人 2 社と先端農業モデルの開発に向けた業務提携契約を締結」2017.3.30

21）小池聡「THE NEXT GREEN REVOLUTION：農業 IoT と気象データの産業利用」ベジタリア株式会社

22）BOSCH「ボッシュのスマート農業ソリューション：センサーと AI を使用したソフトウェアによる革新的な病害予測サービス PlantectTM」Press Release 2017.6.8

23）越智正昭「気象ビッグデータの活用で農業を元気に！」ハレックス、次世代農業EXPO2016講演資料、2016.10.13

24）全国農業協同組合連合会「アピネス／アグリインフォ」

25）同上「営農情報サービス「アピネス／アグリインフォ」、「気象グラフかんたん作成機能」追加でパワーアップ」2017.8.31

26）総務省「農業用気象予報システムを坂の上のクラウドコンソーシアムが開発」2015.1.29、12.9

27）NEC「農業 ICT ソリューション：将来に向けた研究開発」

28）首相官邸「未来投資会議の開催について」日本経済再生本部決定、2016.9.9

29）同上「第 6 回未来投資会議 議事要旨」2017.3.24

30）内閣府、農林水産省、農業データ連携基盤（データプラットフォーム）参画機関「農業データ連携基盤（データプラットフォーム）を、産官学が連携して構築」プレスリリース、2017.5.15

31）厚生労働省「職場における熱中症による死傷災害の発生状況」

32) 環境省「熱中症予防サイト」

33) 漁業情報サービスセンター「漁業向け海況・気象情報サービス」情報企画部

34) 札幌総合情報センター株式会社「気象・防災関連事業：雪対策支援事業」地域情報事業部

35) 気象庁「航空気象」

36) 日本気象協会「NEDO「ロボット・ドローンが活躍する省エネルギー社会の実現プロジェクト」に 日本気象協会の「ドローン向け気象情報提供機能の研究開発」が採択」ニュースリリース、2017.5.16

37) 同上

38) インテージリサーチ「気候情報を活用した気候リスク管理技術に関する調査報告書～家電流通分野～（協力：大手家電流通協会）」気象庁委託調査、2017.3

39) 興銀第一フィナンシャルテクノロジー株式会社「企業の天候リスクと中長期気象予報の活用に関する調査報告書中の松下電器産業（現パナソニック）の説明」気象庁委託調査、2002.3

40) 同上「企業の天候リスクと中長期気象予報の活用に関する調査報告書」気象庁委託調査、2002.3

41) ジーエフケーマーケティングサービスジャパン「気象情報を用いた POS データ解析「GfK エアコン需要予報」を公開」2015.6.18、「GfK エアコン需要予報、2016年版を公開」2016.11.7

42) 日本気象協会「気象予測を基に AI・IoT 技術でエアコンを快適に省エネ運転」ニュースリリース、2017.6.7

43) 鈴木靖「気象ビジネスにおける DIAS への期待」日本気象協会 DIAS シンポジウム、2016.8.1

44) 日本気象協会「日本気象協会、エリア日射量予測サービス『SYNFOS-solar 1 km メッシュ』提供開始」ニュースリリース、2016.4.21

45) 同上「日本気象協会、『日射量予測の信頼度情報サービス』を開始～最大72時間先まで30分ごとの日射量予測の信頼度情報を提供～」ニュースリリース、2016.9.28

46) 同上「ひまわり8号のデータにより、雲と積雪を判別して推定日射量の精度を10％向上～衛星推定日射量サービス『SOLASAT 8-Now』に活用～」ニュースリリース、2017.2.1

47) 日立パワーソリューションズ「日立パワーソリューションズが自家消費型太陽光発電設備高効率化システムの実証試験を開始」2017.4.5

48) 資源エネルギー庁「省エネルギー対策について」2015.2等

49) 新エネルギー・産業技術総合開発機構エネルギー対策推進部「風力発電導入ガイドブック」第9版、2008.2

50) 石原孟、山口敦「風況と風力発電出力の予測技術」日本風工学会誌、31巻1号、2006.1

51) 新エネルギー・産業技術総合開発機構エネルギー対策推進部、前出48

52) 久保博司「LOCALSTM による風況シミュレーションと風力発電量評価」伊藤忠テクノソリューションズ、日本風力エネルギー学会誌、2013

53) 石原孟「わが国の洋上風力発電実証研究の全体像」日本風力エネルギー学会誌、Vol.37, No.2, pp.134-136, 2013

54) 国立研究開発法人新エネルギー・産業技術総合開発機構「NEDO、国内初、風況情報等を

注

一元化した「洋上風況マップ（全国版）」を公開」2017.3.23

55）東京電力ホールディングス株式会社、理化学研究所「水力発電用ダムの運用高度化に向けた共同研究の開始について」2017.2.15

56）全国小水力利用推進協議会「小水力発電とは」

57）環境省「小水力発電情報サイト」

58）新エネルギーの利用等の促進に関する特別措置法施行令改正（2008年4月施行）

59）電気事業者による新エネルギー等の利用に関する特別措置法（2003年4月施行）

60）環境省前出57、全国小水力利用推進協議会前出56

61）アジア航測「衛星データを活用した小水力エネルギーポテンシャルの算出手法の開発」

62）気象庁地球環境・海洋部「スーパーマーケット及びコンビニエンスストア分野における気候リスク評価に関する調査報告書」2016.10

63）興銀第一フィナンシャルテクノロジー株式会社「企業の天候リスクと中長期気象予報の活用に関する調査報告書中のセブン－イレブン・ジャパンの説明」気象庁委託調査、2002.3

64）インテージリサーチ「気候情報を活用した気候リスク管理技術に関する調査報告書～清涼飲料分野～（協力：全国清涼飲料工業会）」気象庁委託調査、2017.3

65）気象庁「気候情報を活用した気候リスク管理技術に関する調査報告書～アパレル・ファッション産業分野～」（ライフビジネスウェザー、協力：一般社団法人 日本アパレル・ファッション産業協会）気象庁委託調査、2014.3

66）同上「平成25年度季節予報研修テキスト気象庁地球環境・海洋部」2013.12

67）ワコール「気温予測活用の取り組み」気象庁、2015.3

68）株式会社ライフビジネスウェザー「毎日の健康をみはる　次世代ヘルスケアプラットフォーム」、中小企業庁「気象情報を活用した地域生活情報の配信サービスで、地域経済の活性化に貢献」がんばる中小企業・小規模事業者300社

69）Jonathan M. Hanes "What is Biometeorology?" the International Society of Biometeorology

70）株式会社インテージ（協力：日本チェーンドラッグストア協会）「気候情報を活用した気候リスク管理技術に関する調査報告書～ドラッグストア産業分野～」気象庁委託調査、2015.3

71）日本気象協会「日本気象協会「熱中症ゼロへ」プロジェクト 『熱中症セルフチェック』を新たに開発～ 年代・活動内容・現在いる場所の環境に応じた「自分だけ」の熱中症情報を提供～」ニュースリリース、2017.4.25

72）同上「日本気象協会が東京ガスと 『ヒートショック予報』を共同開発～浴室事故を防止するための、新たな情報を提供～」ニュースリリース、2017.2.21

73）東京ガス「冬は用心! 冬に増加する入浴中の「ヒートショック」回避のポイントは?」2017.3.8、原典、東京都健康長寿医療センター 研究所「入浴時の温度管理に注意してヒートショックを防止しましょう」2014.9

74）株式会社ポッケ「気象予報士たちが考えた気圧予報＆頭痛記録のiPhoneアプリ「頭痛～る」配信開始＆無料化のお知らせ」2013.4.26等）

75）日本気象協会「日本気象協会とポーラが気象環境が肌に与える影響を共同で研究～肌のうるおいを奪う2つの"肌荒風"を発見！～」ニュースリリース、2014.11.11

76) 同上「毛穴を開かせる2種類の「毛穴熱風」を発見！〜日本気象協会とポーラが夏の毛穴と気象の関係を共同研究で解明〜」ニュースリリース、2015.05.13

77) 同上「夏に注意すべき肌荒れをおこす2つの『肌荒大気』を発見　〜日本気象協会とポーラによる「肌」と「気象」のビッグデータ共同研究　第3弾〜」ニュースリリース、2017.6.20

78) 同上「日本気象協会×ポーラ、「美肌予報」を開始〜気象と肌のビッグデータによる、新しい美容アドバイス〜」ニュースリリース、2015.11.12

79) 同上「〜もう悩まない！気象条件からレジャースポットをおすすめ〜「tenki.jp + more」に新検索機能『どこ行く天気』を追加」ニュースリリース、2016.12.20

80) 同上「訪日外国人向け天気予報アプリ『WeatherJapan』をリリース〜11カ国語に対応したシンプルな無料アプリ〜」2017.8.22

81) 観光庁「外国人旅行者向けプッシュ型情報発信アプリ「Safety tips」がパワーアップします！」2015.8.26、「外国人旅行者向け災害時情報提供アプリ「Safety tips」を大幅に機能向上しました！」2017.3.17

82) 平田祥一朗「気象データを活用したビジネスの現状と可能性」三井物産戦略研究所、気象ビジネスフォーラム、2017.3.7

83) 企業の天候リスクと中長期気象予報の活用研究会「企業の天候リスクと中長期気象予報の活用に関する調査報告書Ⅱ．天候と企業活動の現状」気象庁、2002.3

参考文献

刈屋武昭編著『天候リスクの戦略的経営』朝倉書店、2005.12

環境省「日本国内における気候変動予測の不確実性を考慮した結果について」報道発表資料、2014.12.12

企業の天候リスクと中長期気象予報の活用研究会「企業の天候リスクと中長期気象予報の活用に関する調査報告書」気象庁、2002.3

気象庁「気象業務はいま2017」2017.6

同上「気象情報の利活用環境の充実について」

同上「気象ビジネス推進コンソーシアムについて」総務部企画課、2017.2.20

同上「気候変動に関する政府間パネル第4次評価報告書第1作業部会の報告」

気象庁、経済産業省「企業の天候リスクと中長期気象予報の活用に関する調査報告書」2002.3

気象ビジネス推進コンソーシアム「気象データの利活用事例集〜生産性革命の実現を目指して〜第1版」2018.2

経済産業省「製・配・販連携による需要予測で食品ロスを最大40％削減！〜天気予報で物流を変える（最終報告）」2015.4.6

経済産業省、日本気象協会「需要予測の高度化・共有により返品・食品ロス削減に成功しました」2016.4.25

興銀第一フィナンシャルテクノロジー株式会社「企業の天候リスクと中長期気象予報の活用に関する調査報告書」気象庁委託調査、2002.3

首相官邸「未来投資会議の開催について」日本経済再生本部決定、2016.9.9

同上「第6回未来投資会議 議事要旨」2017.3.24

情報通信総合研究所「ビッグデータの流通量の推計及びビッグデータの活用実態に関する調査研究」総務省、2015.3

全国農業協同組合連合会「アピネス／アグリインフォ」

総務省「農業用気象予報システムを坂の上のクラウドコンソーシアムが開発」2015.1.29、12.9

高田伸一「気象庁における機械学習の利用」気象庁予報部数値予報課、AITC成果発表会、2016.9.16

土方薫「総論 天候デリバティブ−天候デリバティブのすべて」シグマベイキャピタル2003.1

日本気象協会「ロボット・ドローンが活躍する省エネルギー社会の実現プロジェクト：ドローン向け気象情報提供機能の研究開発」2017.5.16

同上「平成27年度次世代物流システム構築事業需要予測の精度向上・共有化による省エネ物流プロジェクト報告書」2016.2.29

農林水産省「人工知能やIoTによるスマート農業の加速化について（案）」2016.11

農林水産省生産局農業環境対策課「持続的な産地の確立に向けた生産現場における技術的リスクマネジメント」2016.8

羽鳥光彦「民間気象業務の発展と民間気象業務支援センターによる情報提供業務の動向について」気象業務支援センター、2015.10.13

広瀬尚志監修、天崎祐介、岡本均、椎原浩輔、新村直弘著『天候デリバティブのすべて』東京電機大学出版局、2003.2

ライフビジネスウェザー「気候情報を活用した気候リスク管理技術に関する調査報告書」気象庁委託調査、2014.3

リスクファイナンス研究会「リスクファイナンス研究会報告書〜リスクファイナンスの普及に向けて〜」経済産業省、2006.3

Christopher L. Culp "The Art of Risk Management" John Wiley & Sons 2002

CME WEATHER PRODUCTS 2009

Erik Banks "Alternative Risk Transfer" John Wiley & Sons, Ltd. 2004

Giancarlo Rinaldi "Lewis Fry Richardson: The man who invented weather forecasting" South Scotland reporter, BBC Scotland news website

Helyette Geman., ed. "Insurance and Weather derivatives" Risk Books 1999

Howard C. Kunreuther, Edwann O. Michel-Kerjan "At War with The Weather" The MIT Press 2011

IBM "Deep Thunder Overview"

International Association of Insurance Supervisors "International Association of Insurance Supervisors Issues Paper on Insurance Securitization" 2002

IPCC "Summary for Policymakers. In: Climate Change 2007: The Physical Science Basis. Contribution of Working Group I" 2007

John W. Labuszewski, Paul Petersen, Charles Piszczor "Alternative Investment Overview" CME Group 2008

Jonathan M. Hanes "What is Biometeorology?" the International Society of Biometeorology

Lane. M., and Beckwith. R., 2004 Review of Trends in Insurance Securitization: Exploring Outside the Cat Box

Lewis Fry Richardson "Weather Prediction by Numerical Process" reprint, Forgotten Books, 2016.11.13

Morton Lane., ed. "Alternative Risk Strategies" Risk Books 2002

Patrick Brockett, Linda Golden, Charles Yang, Hong Zou "Addressing Credit and Basis Risk Arising From Hedging Weather-Related Risk with Weather Derivatives" The University of Texas 2008

Randy Myers "What every CFO needs to know now about weather risk management" CME Group

Robert S. Dischel., ed. "Climate Risk and the Weather Market" Risk Books 2002

Robin Stewart "Computers Meet Weather Forecasting" 2008.10.1

Stott, P.A., D.A. Stone and M.R. Allen "Human contribution to the European heatwave of 2003" Nature, 2004

Sona Blessing "Alternative Alternatives" Wiley & Sons 2011

Stormexchange.com, CMEgroup.com "What every CFO needs to know now about Weather risk management" 2016

索　引

欧　字

AI（Artificial Intelligence、人工知能）
　41, 97, 103, 110, 119-120
API（Application Programming Interface）
　46
BUFR 形式　　29
CAT bond　　80
CDD　　70
CME　　64, 70
COLD 飲料　　149
CPFR（Collaborative Planning, Forecasting
　and Replenishment）　　104
D&A　　8
Deep Thunder　　38
「eco×ロジ」マーク　　105
EMS（Energy Management System、エネ
　ルギー管理システム）　　141
GIS（Geographic Information System、地理
　情報システム）　　30
HDD　　70
HOT 飲料　　149
IoT（Internet of Things、モノのインターネ
　ット）　　41, 110, 119
JA 共済連発行の災害債券　　84
M2M（Machine to Machine）　　114
POTEKA　　51
SaaS（Software as a Service）　　46
SOLASAT 8-Now　　140
SPC（Special Purpose Company、特別目的
　会社）　　81
SPV（Special Purpose Vehicle、特別目的ビ
　ークル）　　81
SYNFOS-solar 1km メッシュ　　139
WBGT（Wet Bulb Globe Temperature、湿

球黒球温度）　　127
XML（Extensible Markup Language）　　28

あ　行

アグテック　　109
アグリテック　　109
アグリバイオメトリクス（農産物照合技術）
　122
アデス　　25
アナリティクス　　42
アメダス　　20
アンサンブル予報　　23-24
医学気象学　　156
異常気象　　2
　――リスクマップ　　3
イベント・アトリビューション　　8
ウィンドプロファイラ　　19
ウエザーカンパニー　　39
ウェザーニューズ社　　47
ウエザーマーチャンダイジング　　94
エルニーニョ　　11, 70
　――監視速報　　13
　――南方振動　　11
エンロン社　　68
オプション　　60

か　行

解析雨量　　32
カタストロフィ・リスク　　80
ガリ指数　　95
カルマンフィルター　　27
機械学習　　27
気候　　2
　――変動　　8

179

気象　2
　　——衛星　140
　　——衛星観測　19
　　——業務支援センター　33
　　——データ高度利用ポータルサイト　91
　　——ビジネス推進コンソーシアム　93
　　——病　156
　　——予報士　36
　　——リスク　54
　　——レーダー　20
季節病　156
キャットボンド　80
極端現象　2
局地モデル　22
記録的短時間大雨情報　31
クラウド　39, 111, 119
ゲリラ雷雨防衛隊員　49
健康予報　156
降温商品　96
高解像度降水ナウキャスト　31
降水短時間予報　30
降水ナウキャスト　30
高層気象観測機器　19
コールオプション　60

さ　行

災害リスク　80
再生エネルギー　137
シカゴ商業取引所（シカゴマーカンタイル取
　　引所、CME）　64, 70
実損填補　62
昇温商品　96
小水力発電　145
食品ロス　99
人工衛星　111
人工知能　41
水力発電　144
数値予報　21
スーパーコンピュータ（スパコン）　20
スープ指数　95

スマート農業　109, 112
生気象学（biometeorology）　155
生物季節学　156
精密農業　109
全球モデル　22
線形重回帰　27
損害保険　62

た　行

ダークデータ　90
大気のカオス性　23
太陽光発電　138
地球温暖化　9
チャットボット　49
ディープラーニング（深層学習）　27
天気ボット・サービス　44
天気予報アプリ　45
天候デリバティブ　61
天候リスクマネジメント　59
東京ディズニーリゾートの災害債券　82
東京電力と東京ガスの気温デリバティブ取引
　　77
特別警報　30
トランシェ　81
ドローン　37, 112
　　——向けの気象情報　132

な　行

日本アパレル・ファッション産業協会　58
日本気象協会　37
ニューラルネット　27
熱中症　127, 157-158
　　——セルフチェック　158
農業・食品産業技術総合研究機構（農研機
　　構）　57
農業ICT　109
　　——クラウドサービス　115

索　引

は　行

ハレックス　50
阪神・淡路大震災　83
ヒートアイランド
　　──監視報告　15
　　──現象　15
　　──対策大綱　16
ヒートショック　159
東日本大震災　85
ビッグデータ　88, 110, 144
風況マップ　142
風況リスク　142
風力発電　141
プットオプション　60
プレミアム　61
ベーシスリスク　63
訪日外国人向け天気予報アプリ　163

ま　行

ムーアの法則　23

メソモデル　22
モーダルシフト　103

や　行

予報ガイダンス　26
予報業務許可事業者　34

ら　行

ラジオゾンデ　19
ラニーニャ　12
リチャードソンの夢　22
リバース物流コスト　100
流域雨量指数　32
ロジスティック回帰　27

わ　行

ワトソン　41

著者紹介

可児 滋（かに・しげる）

CFA 協会認定証券アナリスト（CFA）

日本証券アナリスト協会検定会員（CMA）

国際公認投資アナリスト（CIIA）

Certified Financial Planner（CFP）

1 級 FP 技能士

日本金融学会会員

日本ファイナンス学会会員

元横浜商科大学商学部教授

元拓殖大学大学院客員教授

元法政大学大学院客員教授

元文教大学大学院非常勤講師

異常気象と気象ビジネス

気象 ICT 革命がビジネスを変える！

2018 年 9 月 10 日　第 1 版第 1 刷発行

著　者——可児　滋
発行者——串崎　浩
発行所——株式会社日本評論社
　　　　　〒170-8474　東京都豊島区南大塚3-12-4
　　　　　電話 03-3987-8621（販売）、03-3987-8595（編集）、振替 00100-3-16
　　　　　https://www.nippyo.co.jp/
印刷所——精文堂印刷株式会社
製本所——井上製本所
装　幀——林　健造
検印省略　© S. Kani 2018
Printed in Japan
ISBN978-4-535-55918-9

JCOPY　〈（社）出版者著作権管理機構　委託出版物〉
本書の無断複写は著作権法上での例外を除き禁じられています。複写される場合は、そのつど事前に、
（社）出版者著作権管理機構（電話03-3513-6969、FAX03-3513-6979、e-meil: info@jcopy.or.jp）の許諾
を得てください。また、本書を代行業者等の第三者に依頼してスキャニング等の行為によりデジタル化
することは、個人の家庭内の利用であっても、一切認められておりません。